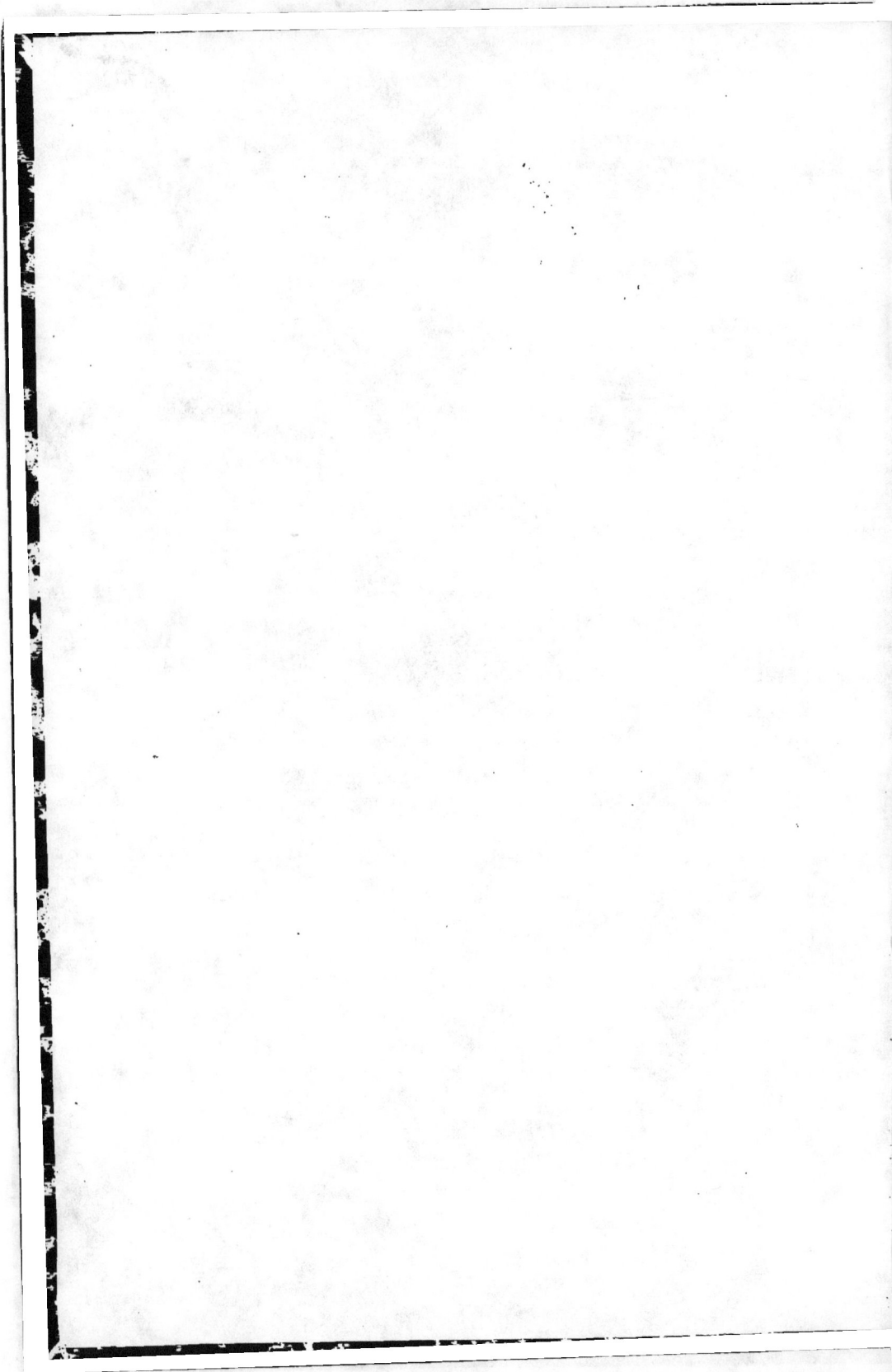

2/207

HYDROLOGIE

DU CANTON DE ROYE (SOMME)

Arras, typographie Rousseau-Leroy.

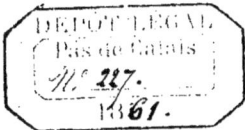
HYDROLOGIE

DU CANTON DE ROYE

PAR

ÉMILE COËT

Pharmacien de 1re classe,

Lauréat de la Société de Médecine d'Amiens, Membre correspondant de la Société
d'Hydrologie médicale de Paris, de la Société Impériale d'Émulation
d'Abbeville, de l'Académie d'Amiens, Membre de l'ancien Jury
médical de la Somme, Inspecteur de Pharmacie, etc.

Ἄριστον μὲν ὕδωρ.
PINDARE (Ol., 1, 1).

ARRAS

TYPOGRAPHIE ROUSSEAU-LEROY, ÉDITEUR,
RUE SAINT-MAURICE, 26.

1861

INTRODUCTION

L'Hydrologie est la science qui a pour objet l'étude des eaux; non seulement cette science recherche les qualités potables des eaux et leur emploi dans la thérapeutique, mais encore elle remonte aux causes qui les produisent, aux différents états qu'elles affectent, et analyse les terrains que traversent ces eaux, pour arriver à la surface de la terre.

L'Hydrologie est une science complexe qui embrasse à la fois la géologie, la climatologie, la chimie analytique, la médecine, etc.

Ce sont les principes élémentaires de cette science que nous avons voulu appliquer aux eaux du canton de Roye.

Après avoir indiqué la position géographique du canton, nous nous occupons de la composition du sol et des productions naturelles qu'il renferme ; nous entrons dans de courtes généralités sur les eaux et nous en faisons l'application à celles du canton. Eaux de pluie, eaux de sources, eaux de rivières, eaux de puits, eaux minérales, toutes sont examinées successivement.

Puis, passant à chaque commune, nous indiquons les eaux qui servent aux hommes ou aux animaux, nous les soumettons à l'analyse chimique, nous donnons leur composition et nous signalons celles dont l'usage doit être proscrit.

Nous nous sommes efforcé dans cette étude d'être intéressant pour tous, pour l'homme du monde comme pour le savant; nous avons voulu surtout être lu du plus grand nombre, afin que les conseils, que les observations qui naissent de notre travail puissent être mis à profit.

C'est pour l'habitant des communes rurales que souvent nous sommes sorti de la science proprement dite, pour donner dans notre étude une large place à l'hygiène.

Nous n'avons pas la prétention d'avoir reculé les limites de la science; nous aurons atteint le but de nos efforts, si nos travaux peuvent être de quelque utilité pour nos concitoyens.

Nous ne terminerons pas sans adresser ici l'hommage de notre reconnaissance à toutes les personnes qui ont bien voulu nous aider de leurs renseignements.

CANTON DE ROYE

Position géographique.

Le canton de Roye est situé à l'extrémité sud-est du département de la Somme ; limitrophe du département de l'Oise, il est formé de l'ancien pays du Bas-Santerre dont Roye était le chef-lieu.

Le canton est borné au nord par Nesle et ses environs, à l'ouest par les cantons de Rozières et de Montdidier, au sud et à l'est par les communes du département de l'Oise.

Le canton de Roye est compris entre gr.: 55,11° (49°,36') et 55,33 (49°,48') de latitude boréale, et gr.: 0,43 (0°,24'), et 0,70 (0°,38') de longitude orientale du méridien de Paris.

La forme du canton est assez difficile à déterminer ; c'est à peu près celle d'un polygone irrégulier. Son étendue dans sa plus grande longueur est de 24 kilomètres, sa plus grande largeur prise de Damery à Ercheu est de 17 kilomètres.

Ce canton se compose de trente-sept communes formant une population de 15,367 habitants, c'est un des plus importants du département. La superficie du canton est de vingt mille hectares de terres labourables, prés et bois.

L'aspect du canton offre généralement un pays de plaines, on ne voit guère de vallées que celles qu'arrosent les rivières d'Avre, d'Ingond et du Petit-Ingond. On n'y voit pas de montagnes. Les points les plus élevés au-dessus du niveau de la mer sont, dans les lignes longitudinales : Curchy à 88 mètres, Roiglise à 81 mètres, et dans les lignes transversales Ercheu à 79 mètres, Breuil, au Moulin, à 71 mètres.

Composition du Sol [1].

Le terrain cretacé supérieur s'étend dans tout le canton de Roye ; formé par les eaux, il offre une épaisseur variable par suite de l'inégalité du terrain inférieur et à cause du bosselage, du ravinement qu'il a éprouvé après avoir été déposé.

La craie est blanche et tendre, parfois jaune, dure et d'un grain inégal, comme dans une partie du terroir de Rethonvillers.

On trouve dans la craie des silex pyromaques noirs en rognons et en plaquettes, des pyrites de fer sulfuré, du fer oxydé.

Au-dessus de la craie sont des lambeaux de terrain tertiaire inférieur composés de sables quartzeux, de grès parfois coquillers, de sables verts, de silex verdâtres, d'argile plastique, c'est-à-dire de fausses glaises, et de quelques traces de lignites.

Terrain diluvien ou quaternaire. — Des silex en amas plus ou moins étendus, généralement sur le bord des vallées, ou à peu de distance de celles-ci, d'autres disséminés, des mélanges d'argile grossière, de sable, de craie en grain dans des proportions variables, composent ce terrain sans cohésion formé par les dernières grandes alluvions. Au-dessus se trouve le limon argilo-sableux.

Les silex et les fossiles que contient ce terrain proviennent de la craie ; ses veines de sable et ses grès viennent du terrain tertiaire inférieur.

Terrain alluvion ou moderne. — C'est principalement dans nos vallées que se trouve le terrain alluvion.

La vallée de l'Avre, comme celle de l'Ingond, ne renferme que du terrain moderne, consistant en mauvaise tourbe, quelquefois blanchie par la craie, délayée, entraînée par les avalanches, et en dépôts terreux amenés également par les eaux descendant des côteaux voisins.

On trouve à Saint-Mard plusieurs sources ferrugineuses qui attestent la présence du fer dans la craie à l'état de fer oxydé et dans la tourbe à l'état de fer hydraté des marais.

Le canton de Roye appartient à différentes formations, mais le terrain dominant est le terrain secondaire supérieur.

[1] Notes de M. Buteux.

La couche inférieure est la craie recouverte de sable, d'argile; et la surface du sol est formée de limon argilo-sableux mélangé d'humus.

Productions naturelles.

Les productions du canton de Roye sont dans le règne minéral les grès, les cailloux, la craie, la marne, le sable.

On a exploité dans la vallée de l'Avre des tourbières à sept mètres de profondeur dans l'eau, qui n'ont donné que des tourbes d'une combustion difficile et produisant peu de chaleur.

Les animaux fournis par notre canton sont assez nombreux surtout dans les races chevaline, bovine, ovine et porcine ; bien qu'il y ait peu de pâturages, on élève les bestiaux dans des prairies artificielles.

Notre sol produit avec abondance toutes les céréales, les plantes oléagineuses, le chanvre, la betterave, les plantes potagères, les fruits à cidre et autres.

La flore du canton de Roye est nombreuse et variée. Plusieurs bouquets de bois parsèment la plaine, les bois de Damery, de Fresnoy, de Liancourt, offrent une abondante récolte au botaniste. Nos côteaux et nos plaines donnent de nombreuses variétés de plantes.

Les prairies et les marais sont, en général, pourvus d'une petite quantité d'arbres, ce sont des saules, des peupliers, des aulnes, des frênes et encore leur végétation laisse-t-elle souvent à désirer.

Les marais du canton et les prés humides offrent généralement les mêmes variétés de plantes ; on rencontre surtout la sauge des prés (salvia pratensis), la menthe aquatique (mentha aquatica), la salicaire (salicaria), la persicaire (persicaria), la scrophulaire (scrophularia aquatica), la petite cigüe (cicuta minor), l'épilobe (epilobium palustre), le jonc fleuri (butomus umbellatus), la douce-amère (solanum dulcamara), le stramoine (datura stramonium), (seulement dans la vallée du petit Ingond), la jusquiame (hyosciamus niger), la reine des prés (spiræa ulmaria), la consoude (symphitum consolida), le colchique (colchicum autumnale), etc.

Les eaux stagnantes, les étangs, offrent une riche végétation ; la famille des carex, des joncées y est largement représentée ; puis la lenticule ou lentille d'eau qui couvre de ses feuilles vertes les eaux dormantes. Enfin on voit flotter à la surface des étangs, des marais converts d'eau, le nénuphar (nymphæa) aux larges feuilles, la sagittaire (sagittaria sagittifolia) et quelquefois la ményanthe on trèfle d'eau.

Près des sources et des fontaines se trouve le cresson (nasturtium officinale) si précieux comme anti-scorbutique.

Les cryptogames sont représentés dans nos prairies par des champignons toujours vénéneux, par un grand nombre de mousses et dans certains ruisseaux par des conferves d'une nature mal définie.

Les différents cours d'eau du canton fournissent généralement peu de poissons, on rencontre principalement le brochet, l'anguille la carpe, le goujon, la tanche ; la rivière d'Avre est la plus poisson-neuse.

Des Eaux [1].

L'eau est, comme on le sait, une substance éminemment essen-tielle à la nourriture de l'homme et des animaux, pour favoriser les fonctions digestives, pour les maintenir dans une disposition favorable au développement et à l'équilibre de l'action vitale.

L'eau qui tombe du ciel est le résultat de l'évaporation de l'eau de la mer et de toutes les surfaces liquides ; cette évaporation est immense : en effet, un mètre carré d'une surface liquide, laisse éva-porer un décimètre cube ou un litre d'eau en vingt-quatre heures, d'où il suit qu'un kilomètre carré de la surface de la mer, produit chaque jour un million de litres ou mille mètres cubes de vapeur d'eau, ou, en d'autres termes, qu'une masse d'eau diminue d'un millimètre de hauteur en vingt-quatre heures à la température, ordinaire.

Les végétaux fournissent aussi à l'évaporation; chaque arbre donne environ un kilogramme d'eau d'évaporation par jour. L'homme par la transpiration perd environ un litre de liquide en vingt-quatre heures.

Pour réparer cette déperdition, l'homme a besoin d'absorber des liquides ; c'est l'eau qui forme la base de sa boisson et le choix de celle-ci n'est pas indifférent.

[1] Traité d'Analyse chimique de MM. Ossian Henry père et fils.

L'origine commune à tous les liquides participant de la nature de l'eau, est l'eau de pluie.

L'eau fournie par la pluie est la plus pure, mais cette eau en arrosant le sol, en pénétrant dans la terre, se charge en les dissolvant de matières étrangères, et devient ainsi plus ou moins propre aux usages domestiques .

Ces substances de nature différente sont quelquefois plus spécialement minérales, et leur présence dans certaines eaux fait jouir celles-ci de diverses propriétés, dont la médecine tire parti dans une foule de maladies.

De là, le nom d'eaux médicinales qu'on leur a donné ou eaux minérales.

On divise les eaux en eaux potables économiques et en eaux minérales médicinales.

Les eaux potables sont celles qui sont propres aux usages de la vie, et suivant leur degré de pureté, on reconnaît les eaux de pluie, celles des rivières, puis les eaux de sources et les eaux de puits.

Les eaux de pluie en tombant sur la terre rencontrent quelquefois un sol peu perméable qui s'oppose à leur infiltration ; elles forment alors des amas d'eau stagnante qui constituent les marais ; ces eaux, chargées de matières végétales et animales, sont susceptibles d'éprouver une sorte de fermentation qui ne permet plus de les employer aux usages de la vie et souvent même qui les rend impropres à abreuver les bestiaux.

Les rivières, formées par des sources provenant de la filtration à travers les terrains que pénètrent les eaux qui tombent sur les hauteurs du globe, entraînent avec elles dans les premiers moments de leur course, les divers éléments que leur apportent les cours d'eau qui les grossissent. Mais ces derniers eux-mêmes dans le trajet qu'ils ont parcouru, ont déjà pu se dépouiller d'une partie des matières qu'ils tenaient en dissolution, et en se trouvant ramenés à la température au milieu de laquelle ils coulent, ils reprennent à l'air une partie de celui qu'ils avaient perdu, dans leur voyage souterrain.

On peut considérer l'eau des rivières comme se rapprochant assez de la nature des eaux de pluie. Généralement aussi ces eaux contiennent une certaine quantité de matières salines, et, comme ces substances sont de nature bénigne et dans une proportion qui ne peut être préjudiciable, il en résulte que leur emploi est sans danger.

La fraîcheur habituelle des eaux de sources et la plupart du temps leur séduisante limpidité ont un mérite qui doit prévenir en leur faveur. Mais ces eaux de sources si remarquables par cette limpidité cristalline qu'on ne se lasse point d'admirer, par cette abondance de vie qu'elles apportent au milieu de nos prairies et de nos bosquets dont elles entretiennent la fraîcheur, ont souvent besoin pour être salubres d'avoir perdu un peu de cette sorte de crudité qui subjugue d'abord, au détriment de leur bonté. Souvent, en effet, cette crudité n'est due qu'à une basse température, qui permet à ces eaux de retenir plus longtemps en dissolution des substances dont elles se dépouilleraient dans les sinuosités qu'elles ont à parcourir avant d'aller grossir les fleuves; aussi, à leur naissance, doit-on les considérer comme beaucoup moins salubres.

Toutefois, les eaux de sources peu chargées de sels calcaires et non séléniteuses constituent des eaux potables.

Les eaux non habituellement potables sont les eaux de puits. Les puits sont des réservoirs dans lesquels les eaux sont arrêtées dans leur course, ou seulement rassemblées en un point; de là, les puits à eau vive et courante et les puits à eau stagnante.

L'eau des puits, d'après la profondeur à laquelle ils sont creusés, offre des variétés importantes à déterminer et peut différer sensiblement dans sa nature. A des profondeurs considérables, elle provient manifestement de sources vives, et la richesse de ces réservoirs consiste dans l'abondance avec laquelle cette eau afflue pour s'élever à une certaine hauteur et se mettre au niveau de son point de départ. Mais tout en se trouvant retenues, les eaux finissent par se faire jour et s'échappent en partie pour obéir à leur pente naturelle. Leur déperdition se fait dans une proportion analogue à celle de leur afflux continuel et par le mouvement qui a lieu, elles conservent dans cette station momentanée les qualités propres aux sources qui les ont fournies.

A des profondeurs moins considérables et à celles surtout qui sont les plus voisines du sol, l'eau des puits n'offre pas toujours les mêmes caractères; elle n'est le plus souvent qu'un rassemblement des eaux dont le sol a été abreuvé. Indépendamment des variations qu'elles éprouvent dans les quantités qui suivent toutes les intermittences des saisons sèches ou pluvieuses; comme elles ne sont que le produit de la filtration des terres, ces eaux de puits sont chargées des matières végétales et animales qu'elles ont pu dissoudre dans leur trajet, et sont susceptibles alors d'une sorte de fermentation qui favorise la naissance et le développement des plantes aquatiques ou autres, dont elles avaient entraîné le germe avec elles.

Elles restent stationnaires dans les cavités qu'on leur a ménagées et par cela même, peuvent se corrompre et se trouver ainsi hors d'état de servir à l'homme.

Les puits à eaux vives participent de la nature des eaux de sources, mais en raison de la profondeur des puits et des chemins souterrains que ces eaux ont parcourus, elles peuvent retenir une plus grande quantité de sels, surtout de ceux qui sont le plus solubles, comme les chlorures de calcium et de magnesium qui les rendent moins propres aux usages domestiques ; ou bien elles sont crues, séléniteuses, tenant en dissolution du sulfate calcaire.

Eaux du Canton.

Si de ces généralités nous passons à l'examen des eaux du canton, nous verrons que l'eau de pluie [1] recueillie dans des réservoirs ou des citernes, ne sert dans aucune localité de boisson aux hommes. Le plus souvent ces eaux ne servent qu'aux usages domestiques, au lessivage du linge, car on leur trouve une facilité plus grande pour la dissolution du savon.

Dans une localité voisine de la nôtre, au contraire (Montdidier), où l'eau des puits est la seule que l'on ait à sa disposition, encore est-elle de pire qualité et obtenue avec beaucoup de difficultés, on recueille dans des citernes les eaux de pluie, qui deviennent les eaux potables de la ville. Ces citernes, qui contiennent, en général, six cents hectolitres d'eau, peuvent alimenter vingt à vingt-cinq personnes par an.

« L'eau de citerne [2] est l'eau de pluie par excellence, elle vaut

---

[1] La moyenne des jours de pluie par an est de 143 et de 16 pour les jours de neige, au total 159, produisant 0,752 millimètres d'eau (*Extrait du Mémoire pour le Concours régional, de M. H. Bertin, qui a obtenu la grande prime d'honneur en 1860*).

[2] *Topographie médicale de Montdidier*, par M. Mangot, fils, docteur en médecine.

« même l'eau des sources. Elle reste toujours claire, toujours fraîche,
« même dans les fortes chaleurs. Elle est vive, agréable au goût, et
« d'une digestion facile; elle paraît chaude en hiver et fraîche en
« été. A l'analyse les sels d'argent et de baryte n'accusent aucun
« précipité, surtout si les eaux sont tombées sur les ardoises. »

Nous avons vu cependant que l'eau de pluie ne remplissait pas
encore les véritables conditions d'une eau pure ou au moins potable.
Elle renferme généralement de l'acide azotique et principalement
de l'azotate d'ammoniaque.

D'un autre côté, la présence des chlorures dans une eau, quand
ils ne sont pas en trop grande quantité, constitue une eau sapide,
ayant une action stimulante sur la muqueuse de l'estomac, et l'eau
de pluie n'en contient pas.

Les eaux de pluie et de neige ne renferment pas de traces d'iode,
et la présence de ce métalloïde est nécessaire pour constituer une
eau potable devant servir de boisson aux populations, car elle pré-
serve de certaines maladies de la glande thyroïde, et le goître vient
le plus souvent de l'usage d'eau qui ne contient pas d'iode.

L'eau de pluie doit sa préférence à la juste proportion de l'air
qu'elle tient en dissolution et aussi à son état thermométrique analogue au fluide qu'elle traverse.

D'après MM. Orfila et Devergie, l'eau des citernes est presque toujours privée d'air, aussi les habitants de la Hollande qui sont forcés
de conserver de l'eau pour leur boisson, sont-ils sujets à des maladies épidémiques qui ont leur source dans cette sorte d'altération.

Rendue dans les citernes où on la conserve, l'eau pluviale éprouve
une sorte de mouvement intestin dû à la putréfaction des matières
qu'elle y a apportées.

Fréquemment les eaux pluviales entraînent des infusoires, des in-
sectes, des excréments d'oiseaux. L'action de la lumière seule suffit
pour y déterminer la présence d'animalcules.

Elles dissolvent aussi une certaine quantité des matériaux qui ont
servi à la construction des réservoirs, qu'elles déposent, à la vérité,
pour redevenir ainsi plus salubres.

En résumé, l'eau de pluie est préférable aux eaux de puits, voire
même à certaines eaux de source trop chargées de matières calcaires,
mais les eaux de sources, prises loin de leur point d'émergence,
peu calcaires, sont assurément les meilleures eaux potables.

Etangs, Marais, Mares, Drainage.

Nous avons vu que l'eau de pluie tombant sur la terre, rencontrait quelquefois un sol qui s'opposait à son infiltration et formait ainsi des sortes de réservoirs naturels auxquels on a donné les noms de marais, étangs, etc.

Ces masses d'eau répandues à la surface du sol, chargées de matières végétales et animales, sont susceptibles d'éprouver une sorte de fermentation, s'il ne leur est pas ménagé un écoulement, qui leur permette de se débarrasser de toutes les matières étrangères. Cette fermentation donne lieu à des dégagements de miasmes délétères qui sont le plus souvent la cause des fièvres paludéennes.

Ce n'est guère que dans les vallées que nous rencontrons chez nous des étangs. La vallée du petit Ingond présente à Breuil, à Moyencourt, quelques étangs que l'art a utilisés pour l'agrément des habitants. La vallée de l'Avre offre aussi ces masses d'eau et c'est surtout vers Saint-Mard, dans une vallée marécageuse, que l'on rencontre un vaste étang qui sert de réservoir au moulin du village établi sur la rivière d'Avre. Les eaux de cet étang sont utilisées encore pour le rouissage du chanvre.

La vallée de l'Avre offre aussi des marais qui s'étendent sur un parcours de plusieurs kilomètres. Entre Roye et Saint-Georges, une superficie de treize hectares est couverte d'eau et coupée par des canaux ; une plus grande étendue encore se trouve en aval. Ces marais pourraient être desséchés et les terrains convertis en culture maraîchère.

Le fond de ces marais est tourbeux, mais la tourbe est de mauvaise qualité et de formation récente.

Dans les villages, on utilise une pente de terrain pour recueillir les eaux pluviales dans des réservoirs plus ou moins profonds et qui servent d'abreuvoir pour les bestiaux.

Dans la cour de chaque ferme, on voit, au milieu, un réservoir que l'on désigne sous le nom de *mare* et dans lequel viennent se rendre les eaux pluviales, les eaux ménagères, les eaux chargées de purin provenant des étables et du lavage des fumiers.

Cette eau de mare, qui est le plus souvent un foyer de corruption où fermentent des matières animales et végétales en décomposition, sert aussi à désaltérer les bestiaux. Et cette eau, toute repoussante qu'elle est pour notre palais, est pourtant savourée avec plaisir par les animaux, dont l'alimentation est le plus souvent trop fade. Ils trouvent dans la sapidité de l'eau de mare, une sorte de stimulant pour leurs fonctions digestives.

Cette boisson est souvent funeste aux bestiaux, car il en résulte une foule de maladies. Ainsi, en 1859, une épizootie de fièvre charbonneuse, le sang de rate, a régné dans le canton, et a fait beaucoup de victimes. Ces maladies ont été déterminées par la mauvaise qualité des eaux que l'on donnait aux bestiaux; les eaux étaient basses, les réservoirs presque à sec, et le limon à découvert, exposé à la chaleur des rayons solaires; il s'établissait une fermentation dégageant des miasmes, délétères pour les habitants, et mortels pour les animaux qui les absorbaient.

A propos de ces mares, nous parlerons de la singulière habitude, qu'ont certaines localités d'employer pour la préparation du cidre l'eau de mare, prétendant que ces eaux de mare sont préférables pour cet usage aux eaux de sources ou de puits. Cette pratique n'est pas sans danger pour la conservation du cidre et pour la santé des personnes qui doivent le consommer.

En effet, dans cette boisson, du sucre et des substances en voie de putréfaction se trouvent en présence; pour peu que la température favorise la réaction, il peut y avoir production d'acide butyrique, c'est-à-dire, production d'une substance malsaine, d'une boisson détestable par son mauvais goût et dont l'usage quotidien peut occasionner des accidents sérieux [1].

Ce serait un bien grand progrès pour l'hygiène si les habitants des campagnes éloignaient de leurs demeures ces foyers d'infection; n'a-t-on pas vu dans les épidémies de fièvre typhoïde, le fléau frapper de préférence les habitations voisines des mares?

Quelquefois les eaux de pluie s'infiltrent dans la terre et rencontrent une couche de glaise ou de marne compacte qui empêche l'eau de pénétrer plus avant; il en résulte que la terre est toujours humide, que le sous-sol est fangeux, et que la surface se crevasse sous l'influence de la chaleur. Ces terres seraient improductives si la science n'avait trouvé le moyen de les débarrasser de cette humidité par l'application du drainage.

[1] M. Isidore Pierre.

A Tilloloy, à droite de la route, on rencontre, environ à trente-trois centimètres du diluvium argilo-sableux, une couche d'argile plastique grise et violette; cette couche argileuse s'opposait à l'infiltration de l'eau; aussi l'application du drainage a-t-elle amené les plus beaux résultats.

Le drainage, on le sait, est l'art d'égoutter et de dessécher les sols humides en donnant aux eaux qu'ils renferment en trop grande abondance, un écoulement convenable.

Ce moyen consiste à faire dans le terrain que l'on veut drainer, de larges saignées parallèles, assez nombreuses et assez profondes pour que l'égouttement des eaux soit suffisant. A la partie inférieure de ces saignées on place de petits tuyaux en terre cuite que l'on nomme *drains*. On les place bout à bout et avec une inclinaison telle que l'eau qui se réunit dans la saignée, trouve par les ouvertures, un écoulement facile : cette eau va se rendre soit dans des puisards, soit dans des ruisseaux qui la mènent vers des parties inclinées.

Les avantages du drainage sont : 1° le sol étant plus meuble l'air y circule d'une manière plus facile; 2° par la même raison, la chaleur solaire exerce son influence salutaire d'une manière plus complète ; 3° enfin, la profondeur de la couche cultivable se trouve augmentée, par ce fait même qu'on abaisse autant que possible le niveau de la masse liquide, qui baigne ou sature d'humidité le terrain que l'on veut assainir.

D'autres communes du canton ont pratiqué aussi le drainage ; ainsi à Ercheu, à Moyencourt, trente-huit hectares de terrain ont été drainés et les eaux déversées dans les affluents du Petit-Ingond. De l'argile analogue à l'argile plastique se rencontre dans le sous-sol de ces localités.

Une végétation luxuriante a remplacé partout de chétives récoltes et le pays se trouve assaini.

Des Rivières.

Plusieurs rivières arrosent le canton de Roye. Les vastes plaines du canton occupent le plateau d'une colline qui s'étend de Damery à Ercheu et dont le versant sud offre à ses pieds la vallée de l'Avre, tandis que les eaux du Petit-Ingond baignent le revers du plateau à la partie orientale.

2

Deux rivières principales, l'Ingond et l'Avre, et deux cours d'eau secondaires, l'Arrivaux et la rivière Saint-Firmin, baignent une partie du canton.

Le défrichement des bois qui couvraient anciennement une grande partie du canton, et la culture qui a facilité le transport des terres dans le fond des vallées par les grandes pluies ou par les avalanches, ont occasionné le comblement de plusieurs rivières et du fond de leurs vallées dans une certaine étendue ; en sorte que des rivières n'existent plus et que d'autres ont un cours moins long.

L'Ingond, qui prend sa source à l'est de Fonches, l'avait autrefois sur le terroir de Fouquescourt à cinq kilomètres de là, à un endroit où un savant antiquaire a cru reconnaître les vestiges d'une cité importante qu'il appelle ville d'Ingond, et qui aurait été détruite lors des guerres survenues en Picardie dans le XIVᵉ ou XVᵉ siècle.

L'Ingond sortant de Fonches se dirige à l'est vers Curchy, arrose une partie du terroir d'Étalon, d'Herlyc, alimente un moulin et va affluer à la Somme, par la rive gauche, au dessous de Grand-Rouy, après un parcours de plus de quinze kilomètres.

La rivière d'Avre prend sa source à Avricourt, village du département de l'Oise, situé à l'est, et à sept kilomètres de Roye ; elle coule de l'est à l'ouest, arrose la ville de Roye, vers le sud, suit la vallée, alimente quatre moulins sur son parcours dans le canton, se joint au Dom au dessus de Pierrepont et se jette dans la Somme du côté de la rive gauche.

L'Arrivaux, qui prenait sa source vers Cressy dans un petit bois du même nom défriché vers 1837, a sa source actuellement à deux kilomètres environ de l'endroit où il se jette à Breuil dans le Petit-Ingond ou ruisseau de Libermont.

Ce ruisseau a sa source au village de Libermont, dans l'Oise, et vient affluer à l'Ingond, à Bipont, sur la route de Rouen à La Capelle.

La rivière Saint-Firmin prend sa source au nord-ouest de Roye dans les marais communaux, près du bois de Bracquemont, traverse le faubourg Saint-Médard et va se décharger dans l'Avre après un parcours de quatre kilomètres.

Les eaux de nos rivières ne servent pas de boisson aux habitants, les communes voisines y viennent faire désaltérer les bestiaux, elles sont généralement de bonne qualité, pouvant servir au lessivage du linge.

Des Sources.

Nous ne parlerons que des sources qui jaillissent à fleur de terre et dont les eaux servent aux besoins des habitants.

Les eaux que fournissent les sources dans le canton sont, en général, de bonne qualité.

Disons d'abord quelles sont les conditions que doit remplir une eau, pour être potable.

L'eau est potable quand elle est limpide, légère, aérée, douce, froide en été, tiède en hiver, sans odeur, d'une saveur fraîche, vive, agréable ; elle ne doit être ni fade, ni piquante, ni salée, ni douceâtre, ni acerbe, ni sulfureuse ; elle doit bouillir sans se troubler et sans former de dépôt ; cuire les légumes secs et les viandes sans les durcir, dissoudre le savon sans former de grumeaux ; enfin elle ne doit occasionner aucune pesanteur, ni aucun trouble dans la digestion.

Telle est la définition d'une eau de bonne qualité.

On rencontre dans le canton peu de sources qui fournissent directement leur eau, on n'en trouve guère que dans les vallées formées par l'Avre et l'Ingond. L'eau que donnent ces sources est généralement limpide, légère, prise un peu plus loin que leur point d'émergence ; elles renferment toutes de l'acide carbonique, des carbonates calcaires et magnésiens, des chlorures, de la silice, mais pas de sulfate de chaux ; dans la plupart, les sels sont en faible proportion et leur qualité est éminemment potable.

La présence de l'acide carbonique dans une eau la rend légère, lui donne une douce sapidité et la rend plus agréable en même temps qu'elle facilite les fonctions digestives par une légère excitation.

La présence de l'air est aussi nécessaire dans une eau de bonne qualité et c'est particulièrement l'oxygène qui rend son influence favorable.

Le carbonate de chaux que renferment nos eaux de source, non-seulement n'est pas défavorable, mais encore constitue un élément utile. Dans certaines conditions, le carbonate calcaire facilite la digestion en saturant l'excès d'acidité du suc gastrique, et l'acide carbonique qui se dégage peut favoriser aussi la digestion stomacale ; enfin la petite proportion de chaux peut fournir à la nutrition des os.

La silice paraît aussi concourir au renouvellement comme à la formation de la substance osseuse.

Les chlorures que l'on rencontre dans nos eaux sont notamment les chlorures de calcium, de magnesium et de sodium. Les chlorures, on le sait, sont le plus souvent accompagnées d'iodures et leur présence dans une eau en petite quantité doit être recherchée.

Les sels magnésiens solubles doivent être rangés parmi les produits inorganiques qui peuvent être administrés sans déterminer d'accidents ; pourtant pour qu'une eau soit potable, il ne faut pas que la proportion de ces sels soit trop forte.

Toutes nos sources ont leur griffon dans la craie, elles viennent toutes de la rive droite des cours d'eau ; l'Avre sur son parcours ne reçoit de sources que de la colline du nord, le versant opposé n'en donne pas.

Des Puits.

Les puits sont les seuls moyens que possède la plus grande partie des habitants du canton pour se procurer de l'eau.

Les puits du canton sont tous creusés dans la craie, ils ont des profondeurs différentes suivant la situation topographique : en général, leur profondeur varie de vingt à trente mètres, cette profondeur n'est pas la même pour les puits d'un même village, elle a généralement augmenté depuis deux ans à cause de l'abaissement du niveau de la couche d'eau.

Les puits sont le plus souvent maçonnés jusqu'à la craie, celle-ci est plus difficile à rencontrer dans le sud du canton.

L'eau des puits n'est pas, en général, potable dans l'acception du mot ; elle est souvent louche, crue et calcaire, impropre aux besoins domestiques. Elle contient beaucoup de carbonate calcaire, peu de chlorures, mais souvent du sulfate de chaux et de la matière organique.

Dans les puits l'eau est plus abondante cette année que les années précédentes, cependant dans certaines localités son volume n'a pas augmenté et son niveau est resté stationnaire ; ceci se remarque surtout vers Rethonvillers.

C'est surtout au sulfate de chaux que l'eau peut dissoudre en assez grande quantité, qu'elle doit sa crudité et une saveur particulière.

Le sulfate calcaire dans les puits est susceptible de se décomposer sous l'influence d'une matière organique ; il donne lieu alors à des sulfures et à du gaz sulfhydrique qui communique à l'eau une odeur désagréable et que nos habitants de la campagne attribuent à la malveillance.

C'est toujours la présence des sels calcaires dans l'eau de nos puits qui s'oppose à la cuisson des légumes secs, dès que l'on plonge ces légumes dans l'eau de puits et qu'on les soumet à la chaleur, l'eau laisse déposer à la surface une espèce de couche calcaire qui empêche le périsperme de s'hydrater et de s'attendrir. Pour remédier à cet inconvénient, il est utile de laisser les légumes tremper dans l'eau vingt-quatre heures avant de les soumettre à la cuisson.

Ce sont encore les sels de chaux qui s'opposent à la dissolution complète du savon dans les eaux de puits ; aussi nos villageois recherchent-ils de préférence l'eau de pluie pour l'essengeage du linge ; mais souvent ils sont réduits à se servir de l'eau de leurs puits, alors ils voient le savon se former en grumeaux et l'eau devenir peu mousseuse ; non-seulement c'est là un inconvénient, mais c'est encore là une grande perte, car une partie du savon se trouve neutralisée et il en faut davantage.

Il résulte, en effet, du travail de MM. Boutron et Boudet, qu'en admettant pour la ville de Paris une population d'un million d'habitants et une consommation moyenne de cinq à six francs de savon par individu et par an, on trouve, disent ces auteurs, que la quantité de savon neutralisée et perdue chaque année à Paris, par les sels calcaires en dissolution dans les eaux de la Seine et de l'Ourcq, peut dépasser une valeur de deux millions de francs [1].

On le voit, il est économique de ne pas se servir d'eau de puits pour le lessivage du linge.

Ce n'est pas seulement pour le blanchissage que les eaux calcaires

[1] Nous avons repris ce calcul pour le canton et nous sommes arrivé au résultat suivant : le degré hydrométrique de l'eau de nos puits étant en moyenne de 25°, il s'ensuit qu'un litre d'eau neutralise 25 grammes de savon ou 250 grammes par hectolitre. En prenant la moyenne de la consommation annuelle de 5 francs par habitant pour le savon, on peut évaluer la perte pour les individus du canton à 76,835 francs.

des puits sont désavantageuses, il est encore plusieurs usages domestiques et industriels auxquels elles ne conviennent pas.

Ainsi dans la préparation du café, dont on fait une assez grande consommation, il se produit du tannate de chaux qui entraîne une partie de la caféine et par suite l'infusion est moins chargée qu'elle n'aurait dû l'être.

Dans nos usines, pour les chaudières à vapeur, le choix de l'eau n'est pas indifférent, les eaux calcaires laissent déposer sur les parois des bouilleurs, des incrustations qui peuvent amener la rupture des chaudières.

Dans une grande partie des eaux de puits, nous avons rencontré la présence de la matière organique. Les puits sont généralement creusés dans la cour des habitations, non loin de la mare, des fumiers et d'autres amas d'immondices. Souvent aussi, quand on creuse les puits, on s'arrête à la première nappe aquifère qui se présente et l'on n'a affaire alors qu'à une faible quantité d'eau dont le niveau varie suivant l'état humide ou sec de l'atmosphère.

Il arrive que cette eau, qui a filtré à travers un terrain plus ou moins chargé d'humus et de matières végétales, a entraîné de ces molécules qui germent et donnent lieu à des émanations putrides. Ou bien les puits étant creusés dans des terrains perméables, les eaux des fumiers chargées de purin, de roussie, de résidus de toute sorte, pénètrent, s'infiltrent et vont augmenter la couche d'eau emportant avec elles des matières azotées qui se corrompent et communiquent à l'eau des qualités insalubres.

Quand, au contraire, les puits sont creusés à une plus grande profondeur, on arrive à une nappe d'eau plus importante qui, cherchant à se mettre en équilibre par un écoulement continuel, se renouvelle et se débarrasse des matières étrangères qu'elle peut tenir en suspension. Or, il est à remarquer que l'eau des puits forés, des puits artésiens, est généralement bonne aux usages économiques et qu'elle est plus chargée d'acide carbonique.

Dans ces cavités profondes, l'eau se trouve à une basse température et elle a le défaut de n'être pas assez saturée d'air; il est important de laisser les puits découverts, afin que l'air y séjourne et s'y dissolve avec plus de facilité : il est prudent aussi d'exposer l'eau à l'air, de l'agiter même avant de s'en servir. Il en est de même de l'eau qui a bouilli et qui se trouve privée d'air par l'ébullition ; il est utile de l'aérer, elle devient plus légère et digère mieux.

En général, l'eau de nos puits, bien que peu potable, n'influe pas d'une manière sensible sur la santé des populations du canton ; on rencontre peu de goîtres (1 sur 200 habitants), peu de maladies tenant plus spécialement à la mauvaise qualité des eaux. Cependant la carie dentaire, les dégénérescences squirrheuses sont fréquentes, plus communes dans certains villages que dans d'autres, l'eau calcaire peut bien en être la cause.

Fréquemment, l'été surtout, des épidémies de cholérine , de dyssenterie, règnent dans le canton ; ces maladies sont occasionnées souvent par l'imprudence que commettent les gens de la campagne de boire pour se rafraîchir, de l'eau sortant des puits. Cette eau qui se trouve toujours à une basse température, par rapport à la température extérieure, amène par son ingestion tous les accidents résultant d'une transition brusque du chaud au froid. Souvent aussi la grande quantité d'eau qu'absorbent les travailleurs des champs, donne lieu à des diarrhées ; pour remédier à cet inconvénient, nous conseillons d'ajouter à l'eau un peu d'eau-de-vie, de préférence au vinaigre avec lequel on a l'habitude d'aciduler l'eau pour la rendre plus rafraîchissante.

La sécheresse des années précédentes a nécessité dans toutes les communes, le creusement et le curage des puits. Cette opération ne s'est pas toujours faite sans danger pour les ouvriers ; en effet, il est souvent arrivé que les cureurs à peine descendus dans certains puits étaient obligés de s'en faire retirer, suffoqués qu'ils étaient par les gaz concentrés dans les puits ; c'étaient le plus souvent des gaz acides sulfhydrique et carbonique. Nous avons essayé avec succès l'emploi de la chaux vive éteinte, réduite en bouillie et jetée dans les puits.

Eaux minérales.

Nous avons dit que l'on divisait les eaux en eaux potables et en eaux minérales médicinales ; nous allons nous occuper des eaux minérales du canton.

On désigne sous le nom d'eaux minérales des eaux qui sortent de terre, chargées de principes minéralisateurs qui leur communiquent des propriétés thérapeutiques spéciales.

Le canton de Roye possède des eaux minérales qui peuvent être employées comme agents médicamenteux.

Le principe minéralisateur de ces eaux est le fer. Ce métal se rencontre fréquemment dans la craie, soit à l'état de pyrite, soit à l'état oxydé, soit enfin à l'état de limonite dans les marais. C'est sous ces différentes formes que nous l'avons trouvé, notamment dans le voisinage des sources qui tiennent le fer en dissolution.

C'est dans la vallée de l'Avre, au pied de terrains de sédiments supérieurs, que se rencontrent ces sources, elles sont froides, leur température moyenne est de 11° centig.; la qualité de leur eau est potable, les principes calcaires y sont largement représentés par les carbonates et les chlorures de la même base, le fer s'y trouve en quantité suffisante pour constituer une eau ayant toutes les propriétés des ferrugineux. En effet, pour qu'une eau ferrugineuse soit active et efficace, il n'est pas nécessaire qu'elle renferme une grande quantité de fer. Ce qui fait le mérite des eaux naturelles ferrugineuses, c'est l'état de dissolution et de combinaison dans lequel se trouve ce métal.

L'eau de nos sources minérales est impropre aux usages culinaires, elle ne peut être employée que comme boisson, son ébullition ferait déposer les sels en dissolution. Si cependant on voulait l'employer aux besoins domestiques, il suffirait de la laisser exposée à l'air et de l'agiter de temps en temps, le fer se précipiterait et l'excès de carbonate également.

C'est à Saint-Mard, dans la vallée de l'Avre, que se trouvent deux sources d'eau ferrugineuse.

Dans une propriété voisine où existent des prairies drainées, les tuyaux de drainage amènent de l'eau qui contient et qui charrie du fer; mais cette eau est limoneuse, et n'est pas potable; elle a une saveur marécageuse qui la fait peu rechercher: le fer, du reste, n'est pas dans le même état de combinaison que dans l'eau des fontaines précédentes.

Dans nos sources, le fer se trouve en dissolution à l'état de carbonate et de crénate. A la faveur de l'acide carbonique, les oxydes de fer disséminés dans la craie sont tenus en dissolution dans l'eau; lorsque cette eau arrive au contact de l'air, son écoulement ou l'élévation de la température fait dégager une partie de l'acide carbonique qui tenait le fer en dissolution et celui-ci se dépose à l'état pulvérulent : en effet, sur le parcours des ruisseaux, on voit des dépôts ocreux, rougeâtres, teignant les plantes aquatiques et les pierres du lit du ruisseau.

Les différents cours d'eau que forment ces fontaines se rendent dans la rivière d'Avre par la rive droite.

Comme les autres cours d'eau, elles se portent vers l'Occident ; la configuration du sol montre, en effet, les parties basses comme se dirigeant vers la mer.

Examen chimique.

Afin que notre travail soit complet, nous avons dû rechercher dans chaque commune du canton la qualité des eaux qui servent aux habitants.

Nous avons soumis toutes les eaux à un examen chimique ; nos principales recherches ont été dirigées sur la nature des sels tenus en dissolution, sur la qualité potable des eaux, sur la présence de la matière organique [1].

Nous avons fait un travail général pour rechercher la présence de l'iode dans les eaux de rivières, de sources, de puits, de fontaines minérales.

Les agents chimiques que nous avons mis en œuvre sont l'oxalate d'ammoniaque pour rechercher la chaux, l'azotate de Baryte, pour nous assurer de la présence d'un sulfate, l'azotate acide d'argent pour constater les chlorures, enfin le chlorure d'or pour la matière organique. Les papiers réactifs, le tournesol, tous les agents que la chimie hydrologique met aux mains de l'expert ont été employés.

La liguline, l'hydrotimétrie nous ont été souvent d'un grand secours pour doser l'acide carbonique, les sels de chaux et de magnésie.

Nous nous occuperons successivement des communes du canton et de l'étude de leurs eaux ; nous commencerons nécessairement par le chef-lieu, par la ville de Roye.

---

[1] Il est un moyen qu'employaient les anciens pour reconnaître la meilleure eau de diverses fontaines, sans le secours de la chimie ; il fallait tremper un linge dans chacune et le linge le plus tôt sec annonçait l'eau la plus légère, la plus saine, la meilleure.

(*De proprietatibus rerum*).

Roye.

Roye, chef-lieu de canton du département de la Somme, est situé à l'extrémité sud-est du département, à peu de distance de celui de l'Oise.

La ville est par 0o,29' de longitude est et par 49°,41' de latitude. Sa hauteur au-dessus du niveau de la mer est de 97 mètres au nord, et à l'ouest de 83 mètres.

La ville est bâtie en amphithéâtre sur une colline qui s'élève au nord ; une des pentes regarde le sud vers l'Avre, et l'autre l'ouest vers la rivière Saint-Firmin.

Sur le bord opposé de ces cours d'eau prennent naissance deux autres collines dont celle du sud est à 16 mètres 50 c., et l'autre à 15 mètres 50 au-dessus du niveau de l'eau de la rivière d'Avre.

La largeur de la vallée de l'Avre entre les deux thalwegs est de 190 mètres, elle est de 1,500 mètres entre les sommets des versants. Les côteaux ne sont pas plans, celui du nord offre dans la section comprise entre le Jeu d'arc et la sortie de la Place, sur 224 mètres de longueur, une déclivité de huit centimètres par mètre. Celui du sud est moins fortement incliné, sa plus grande déclivité ne dépasse pas six centimètres par mètre.

Le sommet de la colline de l'ouest offre une distance de 1,670 mètres avec celui de la côte du nord. La vallée de la rivière Saint-Firmin est peu large, en prenant pour niveau l'eau de cette rivière, la hauteur du plateau occidental est de 17 mètres et celle du côté opposé est de 17 mètres 50 jusqu'à la Place.

La ville de Roye offre une superficie de 35 hectares ; son territoire se compose de 1,555 hectares en terres labourables, prés et bois. Sa population est de 3,607 habitants.

Le sol sur lequel repose Roye appartient au terrain secondaire supérieur : au-dessus de la craie se trouve du terrain caillouteux offrant dans quelques endroits des restes de sables quartzeux, puis le limon argilo-sableux.

Le banc de calcaire qui forme la couche inférieure du sol paraît composé de chaux carbonatée parfois rhomboëdrique, de calcaire argileux (marne [1]), de carbonate de chaux et de magnésie.

On rencontre dans cette craie des silex pyromaques noirs roulés et comme fossiles des belemnites.

Le sol de Roye est perméable à l'infiltration des eaux ; la nappe liquide qui alimente les puits paraît être de 20 à 25 mètres de profondeur et semble correspondre au niveau de l'eau des rivières et des sources qui coulent au bas des vallées ; cette profondeur diminue suivant l'inclinaison du terrain.

Deux fabriques de sucre sont établies sur le plateau de la colline située au nord, et une autre sur le côteau au sud de la ville ; les puits qui alimentent leurs usines présentent l'eau à la même profondeur, c'est-à-dire, à vingt mètres, cette nappe d'eau est suffisante pour la fabrique du sud, tandis que les puits du nord offrent un forage de trente mètres, soit une profondeur de cinquante mètres, toujours dans la craie ; il est vrai que le plateau est un peu plus élevé et que la quantité d'eau fournie est plus abondante.

La position de Roye, au pied d'une vallée, offre les ressources d'eau de plus d'un genre, des rivières, des puits, des fontaines donnent de l'eau aux habitants de la ville de Roye.

Les eaux servant aux besoins de la localité sont notamment les eaux de sources et les eaux de puits.

Fontaines. — Quatre fontaines principales alimentent la ville et servent plus spécialement de boisson aux habitants ; elles prennent toutes naissance au sud-ouest de la colline sur laquelle s'élève la ville ; elles se dirigent toutes de l'est à l'ouest, elles sortent de la craie, elles roulent leurs eaux sur un lit crayeux recouvert d'un dépôt terreux.

L'eau de ces fontaines est claire, fraîche, légère, d'une température moyenne de 10', cuisant les légumes secs, dissolvant le savon sans grumeaux : nous les examinerons successivement.

Nous avons fait évaporer vingt-cinq litres de l'eau des fontaines

[1] Cette marne analysée par MonsieurBarral a donné la composition suivante :

Argile et sable.	1,29
Alumine et oxyde de fer	0,60
Carbonate de chaux. . .	97,31
Carbonate de magnésie.	0,80

pour 100 grammes.

(*Extrait du Mémoire de M. Bertin*).

et, dans les résidus d'évaporation, nous avons cherché la présence de l'iode.

Les réactifs des iodures, le nitrate d'argent, les sels de plomb et de mercure, le chlore, l'acide hypoazotique, le chloroforme, etc., nous ont indiqué des traces de ce métalloïde.

Les chlorures sont très souvent accompagnés d'iodures, ces sels sont abondants dans nos eaux et cette présomption est confirmée par les essais.

Les résidus nous ont paru formés principalement de carbonates de chaux et de magnésie, de chlorures des mêmes bases, d'alumine, d'un peu de silice, de traces d'oxydes, de fer et de matière azotée.

Fontaine Saint-Précore. — Cette fontaine est située à l'ouest de la ville ; elle paraît venir du flanc gauche de la colline du Bastion. L'eau est amenée au puisement au moyen d'un vaste aqueduc ; l'écoulement de l'eau se fait de l'ouest à l'est, le ruisseau va alimenter l'abreuvoir des Minimes pour rejoindre les affluents de la rivière d'Avre.

Un escalier de vingt-cinq marches conduit au puisement ; l'eau, à part l'époque des pluies, est claire, légère, cuisant bien les légumes, en tout potable.

La fontaine est à ciel ouvert et exposée à recevoir toutes les matières venant du dehors ; lors des pluies, l'eau tombant sur les marches, lave celles-ci et entraîne dans la fontaine toute sorte d'impuretés. L'analyse n'accuse dans cette eau que la présence de chlorure et de carbonate calcaires sans trace de sulfate. Son degré hydrotimétrique est de 20°.

Fontaine des Minimes. — Près de l'abreuvoir que traverse la fontaine précédente se trouve une source abondante dont aucun travail d'art n'indique la présence.

Cette fontaine se recommande, cependant, par sa source donnant une eau vive, claire, limpide, moins chargée de sels calcaires, légère, jouissant de toutes les qualités d'une bonne eau.

Le résultat de son débit s'ajoute à l'abreuvoir et se déverse à droite dans un ruisseau commun qui va à l'Avre.

Cet abreuvoir est formé par la réunion des eaux des fontaines Saint-Précore, et du Jeu d'arc ; ses eaux servent à désaltérer les animaux et se déchargent sous un pont dans un canal qui les conduit à l'Avre.

Fontaine du Lavoir. — Un peu plus loin, sortant à fleur de terre, se trouve une fontaine dont l'eau sert à alimenter un lavoir public. Le griffon de la source est enfermé dans une maçonnerie qui forme réservoir et le trop plein se déverse dans le lavoir pour rejoindre le ruisseau formé par les fontaines précédentes.

L'eau de la fontaine devrait être plus souvent employée comme boisson, car elle est de bonne qualité. Elle renferme de l'acide carbonique et des sels de chaux autres que le sulfate.

Fontaine du Jeu d'Arc. — Un puits foré à deux mètres donne en abondance de l'eau limpide jouissant de toutes les qualités d'une eau potable. Cette eau, qui coule de l'est à l'ouest, forme un ruisseau qui passe sous la route impériale, traverse l'abreuvoir dit de la Porte-Paris et va se décharger dans celui des Minimes.

Cet abreuvoir est alimenté par une source et par la fontaine du jeu d'arc, il sert à désaltérer les animaux.

Puits. — L'eau des puits fournit aux besoins des habitants de la ville, mais rarement comme boisson, et plus rarement encore comme devant servir au lessivage du linge.

Douze puits publics, et un plus grand nombre chez les particuliers, fournissent de l'eau. Cette eau est plus ou moins limpide, crue, d'une saveur styptique, d'une température de 8° à 10°, décomposant le savon, ne cuisant pas les légumes secs.

La profondeur des puits varie selon leur situation, la ville étant bâtie en amphithéâtre ; la profondeur varie de 8 à 25 mètres ; ils sont tous creusés dans la craie, ceux de la colline du Nord, comme ceux de la colline du Sud, donnent de l'eau qui contient beaucoup de sulfate de chaux ; il semble, cependant, que la quantité de ce sel diminue dans l'eau des puits situés dans la partie la plus basse de la ville, et se rapprochant de la nappe d'eau qui alimente les fontaines.

Les puits sont à ciel ouvert, surtout les puits publics ; de fréquents curages entretiennent leur propreté : cependant, il arrive souvent que des matières animales, jetées par la malveillance, séjournent dans les puits, et communiquent à l'eau une odeur fétide. Des substances organiques provenant de l'infiltration des eaux de puisards ou de latrines, viennent souvent se mêler à l'eau des puits et déterminer la présence de la matière azotée que nous avons rencontrée dans quelques puits. Beaucoup de latrines, en effet, sont percées jusqu'à l'eau, et c'est souvent la nappe aquifère qui alimente les puits du voisinage, les eaux de ces puits deviennent ainsi insalubres.

Mais, nous le répétons, l'eau des puits sert rarement comme boisson, on préfère avec raison l'eau des fontaines.

Le degré hydrotimétrique de l'eau des puits varie de 25 à 30 degrés et même plus; le résultat de l'évaporation nous a donné pour un litre d'eau 0 gr. 30 de résidu composé de sulfate calcaire, de carbonate de chaux et de magnésie, de silice, de matière terreuse.

Rivières. — Nous l'avons dit, deux rivières coulent à Roye, la rivière d'Avre, grossie du ru de la fontaine Lafosse et la rivière Saint-Firmin.

Rivière d'Avre. — L'Avre semble être un canal formé par la main des hommes, son lit creusé sur la partie déclive des collines, n'occupe nulle part le fond des vallées ; suspendue pour ainsi dire au-dessus des marais, elle paraît craindre le contact des eaux vaseuses qui viendraient troubler la pureté de ses ondes.

La rivière d'Avre prend sa source à Avricourt, ou plutôt prend naissance dans la vallée à droite de ce village. Les eaux descendant des montagnes de Lagny situées au nord de la rivière, celles venant des bois de la Bouvresse à gauche, les eaux s'écoulant des bois placés sur le versant droit de la vallée, provenant des pluies et des drainages des terres d'Haussu, toutes ces eaux se rendant dans un vaste réservoir constituent les sources de la rivière d'Avre.

Aussi cette rivière est-elle d'abord un faible ruisseau serpentant dans un lit étroit, longeant sans s'y mêler les marais de Roiglise, elle arrive sur le terroir de Roye ; plus forte autrefois, elle faisait tourner un moulin près de Saint-Georges, puis un autre plus loin près de la Pêcherie, à un endroit où aujourd'hui elle fait, bien faible encore, son entrée dans la ville. Elle prête alors le secours de ses eaux aux tanneries établies sur ses bords, reçoit sur son parcours les eaux de la fontaine Lafosse ; augmentée de ses affluents, l'Avre s'élance sous la route impériale, qu'elle traverse sous un pont, accepte en passant les égouts d'une partie de la ville et recueille les eaux abondantes de nos lavoirs et de nos fontaines : son lit s'élargit alors, le volume de ses eaux s'augmente encore de la rivière Saint-Firmin, elle arrive près de Saint-Mard avec une largeur de quatre mètres sur ses rives ; elle se jette avec impétuosité sous les roues du moulin de ce village, acquiert de la vitesse, se grossit des affluents des fontaines, s'arrête à Falvert au moulin, un instant à Saint-Aurin à l'écluse de l'usine, enfin à Léchelle, à Diencourt, pour, passant par Pierrepont, devenir navigable à Moreuil, et se jeter dans la Somme après un trajet de quarante-neuf kilomètres.

Mais si faible que soit aujourd'hui le courant de l'Avre, cette rivière a été autrefois plus importante.

Sa vallée marécageuse rendait difficile son passage, et Roye n'acquit d'importance que comme point de défense du pont jeté sur les rives de l'Avre, et traversant la grande route de Paris en Flandre. L'ancien *Rodium* ayant été détruit par les excursions des Normands, les habitants vinrent se réfugier au pied d'une tour élevée pour protéger le péage du pont, et donnèrent ainsi naissance à la ville actuelle de Roye. C'est à cette position que la Cité a dû le triste honneur d'être assiégée, prise et saccagée plus de fois peut-être qu'aucune autre ville de France.

C'est encore l'Avre près de Saint-Mard, qui prêta la salubrité de ses eaux [1] aux cohortes romaines, résidant pendant quarante jours sous les ordres de Crassus, dans l'enceinte du *vieux Catil*; non-seulement l'Avre servit aux besoins du camp, mais elle donna encore le secours de sa navigation pour transporter à Samarobriva (Amiens) par Moreuil, les grains provenant des riches plaines du Santerre et du Soissonnais.

Lors de la Révolution française, l'Avre prêta son nom à la ville de Roye, et pendant quelque temps la cité s'appela Avrelibre.

L'Avre, on le voit, a joué un certain rôle dans l'histoire ; aussi nos compatriotes ont-ils voulu lui faire rendre de plus grands services encore, en la canalisant.

Un projet qui n'a pas été suivi d'exécution, consistait à établir à Pont-Lévêque, un canal alimenté par les eaux de la Vresle et du Marquet qui, s'augmentant en venant vers Roye, des eaux des villages de Catigny, Ecuvilly, traversant la route de Roye à Noyon, prenant l'Avre à Avricourt et suivant le parcours de la vallée, venait s'ouvrir à Moreuil, où la rivière est navigable.

Ce projet a été sérieux ; le plan existe encore aux archives de la ville, et le docteur Midy a chanté en grands vers, les avantages que l'on tirerait de la canalisation de l'Avre.

---

[1] Cavendum ne salubris aqua sit longius (VÉGÈCE, *de Re militari*).

Dans une pétition adressée à Louis XVIII, l'auteur fait parler un crocodile engagé dans les eaux de l'Avre sans pouvoir en sortir.

L'eau de l'Avre s'écoule de l'est à l'ouest ; le fond sur lequel elle roule est calcaire et sablonneux, son aspect est limpide, sa couleur un peu verdâtre, sa saveur fade, son odeur nulle ou fétide, sa qualité est potable, son degré hydrotimétrique est de 16°, sa température varie entre 8° et 15°, sa composition est celle d'une bonne eau ne contenant pas de sulfate de chaux, peu de chlorures, des sels de chaux et de magnésie seulement : telle est l'eau de l'Avre, au pont de la rue de la Pêcherie.

Si l'on puise l'eau de la rivière, au contraire, à sa sortie de la ville, à cinquante mètres en aval, l'aspect a changé ; son ruisseau est fangeux, les bords sont recouverts de boues bleuâtres, sa couleur n'est plus la même, son odeur est parfois fétide : c'est qu'après son entrée dans Roye, l'Avre reçoit les produits divers d'une tannerie, d'une mégisserie, d'une teinturerie ; elle reçoit de plus les égoûts de la ville, puis enfin les eaux savonneuses de la filature de laine.

Quand les eaux sont hautes, toutes les impuretés sont emportées au loin, mais l'été, au contraire, quand les eaux sont basses, des débris de toute sorte séjournent dans les canaux, se corrompent et donnent lieu à des effluves miasmatiques qui incommodent le voisinage.

Toutes ces causes malsaines éloignent le poisson ; aussi l'Avre sous Roye n'en possède pas.

Il serait facile de remédier en partie à ces inconvénients, en donnant à la rivière plus de pente, plus d'écoulement, en faisant rentrer dans son lit des eaux voisines qui augmenteraient son volume, la vitesse du courant, et accéléreraient ainsi l'entraînement des matières étrangères : c'est ce dont s'occupe le syndicat de la rivière.

Quant aux eaux savonneuses, c'est un engrais perdu ; nous avons indiqué qu'un kilogramme de sulfate de fer et cinq kilogrammes de chaux vive éteinte décomposaient un hectolitre d'eau savonneuse de la filature, en un liquide clair, inodore, surnageant un dépôt abondant, solide, jouissant de propriétés fertilisantes, incontestables et éprouvées.

L'eau de la rivière d'Avre prise à cent mètres de l'endroit où elle reçoit les égoûts, et après plusieurs jours de sécheresse, nous a présenté les caractères suivants : la hauteur de l'eau était de près d'un mètre, le courant était assez rapide, l'eau puisée était claire, tenant des molécules en suspension, d'une odeur particulière, d'une saveur insipide, d'une température de + 8°, ayant pour degré hydrotimétrique 24°, donnant un précipité par la potasse, plus abondant par l'oxalate d'ammoniaque, gris sale par l'acétate de plomb liquide, assez marqué par l'azotate d'argent acidifié ; ne précipitant pas, au contraire, par l'azotate de baryte, le deuto-chlorure-hydrargyrique, et le chlorure de platine.

De la silice, de l'alumine, des matières terreuses, organiques, ferrugineuses, composent, outre les sels calcaires et magnésiens, les résidus abondants de son évaporation.

Fontaine Lafosse. — Au pied du thalweg, opposé à celui où coule la rivière d'Avre, vis-à-vis de Saint-Georges, prend naissance la fontaine Lafosse, à deux kilomètres de la ville, près de la route de Roye à Noyon. Les sources sont dans la craie ; la fontaine roule ses eaux sur un fond tourbeux, qui est celui du marais dont elle côtoie l'étendue ; elle coule de l'est à l'ouest, traverse en venant vers Roye un étang, passe sous un pont la rue de la Pêcherie, s'écoule à droite, laisse l'Avre à gauche, et après un parcours de 2,500 mètres, vient rejoindre la rivière avant son entrée sous le pont de Saint-Gilles.

Cette fontaine offre à sa source une eau claire, fraîche, limpide, mais elle se mêle bientôt à d'autres eaux venant des marais, et perd sa salubrité. Son degré hydrotimétrique est 20, sa composition n'offre pas de trace de sulfate calcaire, mais l'azotate d'argent donne un précipité abondant qui disparaît en partie, par l'addition de l'acide azotique, pour laisser intacts les chlorures en petite quantité.

Cette eau n'a d'autre emploi que de desservir un établissement de bains, placé sur les bords de son ruisseau.

Rivière Saint-Firmin. — La rivière Saint-Firmin était autrefois plus importante ; encaissée dans une vallée étroite et profonde, elle roulait ses eaux avec rapidité.

En 1754, un pont en maçonnerie fut construit pour remplacer le pont en charpente qui existait alors ; plus tard, ce dernier pont fit place à celui qui existe aujourd'hui : les proportions données à l'élévation des arches prouvent l'abondance d'eau, qui, dans un temps donné, peut affluer sous ce pont ; en effet, les eaux des côteaux voisins, celles des ruisseaux de la partie occidentale de la ville, viennent augmenter son volume.

Toutefois cette rivière a vu la hauteur de ses eaux diminuer à tel point, que, l'an dernier, le lit de la rivière s'est trouvé à sec (1859).

On a attribué l'abaissement du niveau de l'eau, aux usines placées sur la colline gauche dominant la rivière ; les puits de ces usines creusés à 50 mètres de profondeur pouvaient s'alimenter à la même nappe d'eau que la fontaine et diminuer le volume de celle-ci : mais il est plus probable que l'abaissement du niveau vient du défrichement que l'on a fait des bois qui couvraient le côteau droit. Les bois retiennent les eaux et permettent leur infiltration.

Quoiqu'il en soit, en été 1859, l'eau vint à manquer ; pour satisfaire aux besoins des habitants des Communes, on fit creuser à quelques mètres de profondeur, un puits sur lequel on a établi une pompe.

Bien que le niveau de l'eau ait augmenté, aujourd'hui les sources ne paraissent pas encore avoir repris leur débit. Cette eau est limpide, inodore, légère, bien que peu aérée, d'une température de 12°, ne contenant pas de sulfate calcaire ; son degré hydrotimétrique est 20°: des carbonates et peu de chlorures forment les éléments de sa composition. L'eau de la rivière est de même nature, seulement un peu plus chargée de matière azotée.

Saint-Georges.

Saint-Georges, annexe de Roye, est un hameau situé à l'est à huit cents mètres de la ville, dont il faisait autrefois partie.

Saint-Georges est bâti sur une colline dont la pente s'incline vers l'Avre ; le nombre de ses maisons est de quarante, celui de ses habitants de 227.

Les puits sont creusés les uns dans la craie et les autres dans le sable ; la qualité de l'eau change avec la profondeur et la situation des puits. Ceux qui sont placés sur le plateau le plus élevé du village sont dans la craie et ont environ huit mètres de profondeur, l'eau de ces puits est assez bonne, elle renferme peu de sels calcaires.

Les puits qui sont plus bas sont, au contraire, creusés dans le sable ; ils ont moins de sept mètres de profondeur, l'eau est calcaire et séléniteuse ; elle est impropre aux usages culinaires.

Saint-Mard.

Saint-Mard-les-Truyols est un petit village situé à l'ouest de Roye, près de la vallée dans laquelle serpente la rivière d'Avre. Ce village possède 46 maisons et 210 habitants : la superficie de son territoire est de 412 hectares en marais, prés, bois et terres labourables.

Les habitations s'étendent le long du côteau qui s'élève au-delà de la vallée, c'est cette position qui donne aux puits du village des profondeurs qui varient de dix à vingt mètres ; l'eau que fournissent ces puits est moins aérée que celle des sources, elle est moins propre aussi aux usages domestiques. Son degré hydrotimétrique est 26 ; elle n'est pas séléniteuse.

Dans le village se trouve une fontaine qui sert aux besoins de la commune. Cette source a depuis longtemps cette destination, car en l'an III, le 3 nivôse, on trouve une délibération du conseil de la commune qui ordonne le curage de cette fontaine par les propriétaires riverains.

Cette source coule au bas d'une colline située au sud, à travers un terrain crayeux ; une muraille de quatre mètres de hauteur soutient les terres et forme une espèce d'enceinte non recouverte ; un escalier de plusieurs marches conduit au puisement, et le trop-plein se déverse dans une rigole qui se jette dans la rivière d'Avre par la rive gauche ; c'est la seule fontaine qui afflue à l'Avre par ce côté.

L'eau de cette fontaine, à part l'époque des pluies, est limpide, et sa qualité est potable.

Après les sources d'eau douce viennent les fontaines minérales ferrugineuses ; ces fontaines sont au nombre de deux principales, la fontaine Ferrugineuse proprement dite et la fontaine dite des Lieutenants.

Fontaine Ferrugineuse.

C'est le chirurgien L. Garde qui fit la découverte de cette fontaine. En 1770, MM. de Lassonne et Cadet, membres de l'Académie des sciences, furent chargés de l'examen de l'eau de cette source.

Ils se transportèrent à Saint-Mard pour faire l'analyse de l'eau ; leur rapport constate qu'une pinte de cette eau contenait un grain et demi de fer (0 gr. 075) et une quantité notable de principes alcalins.

Vers cette époque, des travaux furent exécutés à la fontaine pour le captage des sources, mais ils furent en partie détruits à la Révolution.

C'est à droite du chemin qui conduit de Roye à Saint-Mard, que se trouve la fontaine ferrugineuse.

Un bassin en maçonnerie n'ayant que trois côtés formés de grès constitue le réservoir des sources, quelques marches conduisent au puisement; à cinq mètres de là, est établi un barrage en pierre tenant l'eau à quarante centimètres d'élévation et portant au milieu une rigole qui sert à déverser le trop-plein dans le ruisseau.

Tels sont les débris des anciens travaux qui existaient encore en 1859, époque de notre analyse.

La fontaine coule au pied d'une colline qui s'élève au nord par une suite de terrassements à 14 mètres 33 au-dessus du niveau de l'eau. Cette colline, qui appartient au terrain secondaire, est formée de craie composée principalement de chaux carbonatée mélangée de silex pyromaques noirs, de calcaire marneux, et de traces de dolomie; la terre végétale qui la recouvre est mêlée de craie et d'argile·

La source ne paraît pas alimentée par une nappe d'eau importante[1], elle semble venir des eaux pluviales qui s'infiltrent à travers des terrains argileux et calcaires contenant des traces de fer oxydé; les couches de craie sont horizontales et portent des taches de rouille provenant de l'infiltration des eaux chargées d'oxyde de fer, ces couches se continuent jusqu'au bas de la colline.

Le plateau de la montagne va toujours s'élevant vers le nord par des ondulations de terrain dont les parties basses forment des espèces de réservoirs naturels pour l'infiltration des eaux pluviales ; ces accidents de terrains se continuent jusqu'à un point culminant dit le *vieux Catil* pour donner naissance à une vaste plaine qui s'étend au delà de la route d'Amiens.

Dans la vallée, à gauche de la source et séparé par une chaussée en relief, se trouve un étang éloigné de la fontaine de 20 mètres 50 et dont la surface de l'eau a 1 mètre 33 d'élévation au-dessus du

---

[1] Les eaux souterraines ne forment des nappes d'une grande étendue, des nappes proprement dites, *qu'à la surface de séparation de deux couches minéralogiques distinctes ;* au contraire, dans l'épaisseur de celles de ces couches les moins compactes, dans le calcaire crayeux, par exemple, l'eau n'existe, ne circule que dans des espèces de rigoles entre lesquelles il se trouve des masses de craie parfaitement saines, des masses sans fissures et imperméables.

niveau de la fontaine ferrée. Cet étang, formé par la réunion des sources qui baignent les propriétés voisines, sert de réservoir au moulin de Saint-Mard.

La source coule sur un lit crayeux, les terrains qui l'avoisinent sont chargés d'une faible couche de terre végétale mélangée de calcaire ; les eaux de la source alimentent un ruisseau qui se jette dans la rivière d'Avre.

A quatre mètres de la fontaine, au bas de la colline, au pied du talus, nous avons fait ouvrir une tranchée de quatre mètres de longueur sur deux de profondeur. La terre végétale a offert une couche de 1 mètre 20 d'épaisseur, puis on a rencontré un banc de craie se dirigeant horizontalement et offrant de la résistance ; on voyait distinctement à trente centimètres une ligne de pierres rouges, ocreuses, qui semblait à une autre époque, avoir donné passage à de l'eau chargée d'oxyde de fer. A cinquante centimètres plus bas nous avons trouvé de l'eau venant de la colline et se dirigeant vers la fontaine ; les morceaux de craie étaient rouilleux et lorsqu'on agitait l'eau, on mettait en suspension une quantité de molécules ochracées qui donnaient à l'eau une teinte rougeâtre.

Nous avons fait aussi une tranchée sur le côté gauche de la source, obliquement par rapport à la colline ; on a aussi découvert de l'eau, mais qui n'offrait rien dans la couleur de la craie, ni dans le limon qui pût faire supposer que cette eau était ferrugineuse.

Ces tranchées ont été ouvertes dix jours après une pluie qui avait duré quarante-huit heures. Nous avons trouvé dans la craie de petites quantités de fer oxydé à l'état pulvérulent.

Malgré la sécheresse des années de 1858 et 1859, la fontaine donnait environ 600 litres d'eau par heure soit 14,400 litres par jour. La température de l'eau était en moyenne de + 11° centigrades.

L'eau prise dans le bassin n'était pas parfaitement limpide, elle était un peu louche, tenant en suspension quelques matières blanchâtres, laissant apercevoir quelques filaments confervoïdes.

Le fond du bassin ne paraissait annoncer aucune teinte particulière si ce n'est le long des parois, çà et là quelques pierres rougeâtres, ocreuses, plus ou moins foncées. En suivant l'écoulement de l'eau sortant du bassin, on voit dans le ruisseau des végétaux qui sont teintés de rouge ; plus on s'éloigne de la source, plus ce phénomène se produit avec intensité ; le fond de la rivière est lui-même chargé de matières rouges ochracées, la surface de l'eau présente une pellicule irisée. Les bords des fossés sont aussi recouverts de matières de semblables teintes, qui proviennent du curage du ruisseau.

Cette eau n'a guère d'odeur particulière, si ce n'est celle de son état pour ainsi dire de stagnation par rapport à son débit, car le barrage, étant très-élevé, retient l'eau au-dessus du niveau des sources, son écoulement se fait mal, la rigole creusée au milieu est plus en pente du côté de la source, que du côté de l'écoulement.

Quant à sa saveur, elle n'est pas atramentaire, elle a plutôt une saveur calcaire : une saveur non pas d'*hépar* [1], mais d'eau qui n'a pas assez d'écoulement, elle n'est pas désagréable à boire, elle est douce et plaît par sa fraîcheur.

Comme essai préliminaire, nous versâmes une petite quantité de teinture de noix de galle dans l'eau du bassin, et à l'instant une coloration de plus en plus foncée s'étendit de la surface jusqu'au fond du bassin, et persista pendant quelque temps en prenant une couleur lie de vin.

Nous n'avons pas pensé qu'une analyse faite sur les lieux fût nécessaire, l'eau de la source n'abandonnant son principe ferrugineux que longtemps après son transport, et sa combinaison paraissant assez fixe.

Nous avons donc puisé de l'eau à la source même, c'est-à-dire, dans le bassin, par un beau temps, à une époque éloignée des pluies ; cette eau transportée à notre laboratoire a été soumise aux examens suivants :

Cette eau se mélange au vin en toute proportion sans en altérer ni la saveur ni la couleur.

Sa densité, en prenant pour base un litre d'eau distillée, pèse 1000,65 grammes.

Le savon s'y dissous.

Le papier de tournesol ne change pas de couleur.

Le sirop de violettes prend une teinte légèrement verdâtre.

Traitée par la *potasse* elle devient louche et lactescente.

L'oxalate d'ammoniaque détermine un précipité blanc.

Le chlorure de barium est sans action.

[1] Mémoire de MM. Lassone et Cadet.

Traitée par l'azotate d'argent, elle donne un précipité blanc cailleboté, insoluble dans l'eau ; la liqueur prend une teinte rosée.

La noix de galle produit une coloration *lie de vin*, quand on agit sur une certaine quantité d'eau.

Le cyanure jaune de potassium et de fer ne donne ni coloration bleue, ni précipité.

Le cyanure rouge de potassium et de fer est sans action.

Le sulfo-cyanure de potassium n'amène aucun changement.

Nous avons conclu de cet examen préalable que le fer n'était pas en assez grande quantité pour donner une réaction qui pût déceler ainsi sa présence.

Nous avons pris vingt litres de cette eau, et nous avons, dans un ballon muni d'un tube recourbé, fait chauffer légèrement ; nous avons vu s'élever du fond du ballon et venir crever à la surface des bulles d'un gaz qui, recueilli au moyen du tube dans un vase contenant de l'eau de chaux, nous a donné, au bout de quelque temps de dégagement, un trouble, une pellicule blanchâtre à la surface et un précipité blanc. Nous avons remplacé l'eau de chaux par le sous-acétate de plomb, nous n'avons obtenu aucune coloration, mais un trouble opalin et un précipité blanc peu abondant. Nous avons dû penser que l'eau ne renfermait ni gaz hydrogène sulfuré, ni acide sulfhydrique, mais de l'acide carbonique, et nous avons supposé *à priori* que c'est à la faveur de ce gaz que le fer est tenu en dissolution dans l'eau de la source.

En poussant l'évaporation, nous vîmes se former le long des parois du ballon des filaments confervoïdes d'un brun rougeâtre, l'eau ne s'était pas sensiblement troublée : quelques molécules en suspension en altéraient légèrement la limpidité.

Quand cette eau a été réduite à moitié, nous l'avons soumise aux réactifs des sels de fer comme précédemment, mais sans succès. Nous avons dû poursuivre l'évaporation jusqu'à réduction au bain-marie de cinq cents grammes de liquide.

Nous avons filtré, nous avons eu une liqueur jaunâtre, d'une odeur de lessive ; nous avons repris ce qui restait sur le filtre, nous l'avons évaporé à siccité et nous avons obtenu quatre grammes d'une poudre noirâtre, pelotonnée, qui, traitée par l'acide chlohydrique pur, nous a donné une vive effervescence avec production de chaleur et avec dégagement d'un gaz que nous avons reconnu être l'acide carbonique ; après avoir laissé déposer, nous avons étendu la solution d'eau distillée, nous avons filtré, et nous avons obtenu un dépôt insoluble qui nous a paru être siliceux.

Nous avons soumis le liquide aux réactifs suivants :

L'acide tannique a troublé la liqueur.

Le ferro-cyanure rouge de potassium a donné immédiatement un précipité bleu.

Le ferro-cyanure jaune de potassium, un précipité bleu.

Le sulfo-cyanure de potassium, une couleur rouge pourpre.

L'ammoniaque a donné lieu à une masse floconneuse en suspension dans le liquide et tendant à se précipiter.

L'azotate d'argent a produit un léger précipité avec une coloration rosée.

Nous avons conclu que l'eau contenait du fer à l'état de protosel et combiné avec l'acide carbonique et avec l'acide crénique.

Ainsi l'eau du bassin était ferrugineuse, mais faiblement.

Nous avons pensé que, dans ce bassin, pouvaient se trouver des sources d'eau douce qui venaient étendre l'eau minérale et réduire ainsi la quantité de fer qu'elle contenait. Pour nous en assurer, nous fîmes vider le bassin jusqu'à siccité ; nous vîmes alors dans le fond du bassin sourdre distinctement trois filets d'eau d'une limpidité parfaite ; la saveur de chacune de ces sources ne faisait rien pressentir sur la présence du fer.

Une de ces sources sortait du côté droit du bassin (en se tournant vers le courant), à travers un terrain crayeux, parsemé de morceaux teints de matières ocreuses. Le griffon de la source était peu rouilleux, l'eau peu abondante. Au milieu, sur une pierre placée horizontalement, coulait un autre filet d'eau n'offrant rien de particulier. En retour dans l'angle gauche, de l'eau en plus grande abondance s'échappait dans l'interstice de deux grès fort colorés en rouge. En avant de celle-ci, du côté gauche, au bas des degrés qui conduisent à la fontaine, nous avons découvert une quatrième source, qui, dégagée des pierres rougeâtres, nous donna de l'eau en quantité et jaillissant de quelques centimètres ; tout autour, la vase était ocreuse et paraissait fournir un dépôt abondant de matières rougeâtres. Enfin plus loin, du même côté, nous découvrîmes une cinquième source fort abondante, se teignant par la noix de galle.

Nous avons soumis chacune de ces sources à un examen particulier. La source de droite du bassin n'a pas donné de coloration par la teinture de noix de galle ; les réactifs des sels de fer ont été sans action. L'acétate de plomb, l'oxalate d'ammoniaque, ont produit des précipités blancs. Un litre de cette eau ayant été évaporé à siccité, le résidu traité par l'acide azotique a donné lieu à une vive effervescence et s'est dissous en partie ; cette solution traitée par les réactifs des sels de fer n'a pas amené de résultat sensible.

La source du milieu traitée par les mêmes agents chimiques, n'a démontré aucune réaction. Un litre de cette eau étant évaporé à siccité, le dépôt traité par l'acide azotique a donné une dissolution qui, étendue d'eau distillée et filtrée, a produit par le cyanure jaune de potassium et de fer, une couleur foncée et une coloration bleue immédiate par le ferrocyanure rouge.

La source de gauche traitée de même, a amené les mêmes résultats. La quatrième source, la plus abondante et qui constitue presque à elle seule la source proprement dite, a donné des résultats non équivoques sur la présence du fer.

De l'analyse de chacune de ces sources, nous avons conclu que quatre contenaient des principes minéralisateurs ; que la cinquième, celle de droite, n'était pas ferrugineuse, et que, bien que peu abondante, elle pouvait dans certaines conditions venir atténuer les propriétés martiales de la Fontaine.

Néanmoins, à cause de son peu d'importance, et à cause du peu de moyens mis à notre disposition pour détourner le cours de cette source, nous prîmes dans le bassin cent litres d'eau que nous emportâmes à notre laboratoire.

Cette eau n'était pas d'une parfaite limpidité ; elle avait une saveur franche, agréable, et dépourvue de ce goût fade que nous avions rencontré d'abord.

La décoction de noix de galle donnait une coloration rosée de plus en plus foncée, les réactifs des sels de fer y décelaient tous la présence de ce métal, mais seulement quand l'eau était acidifiée. Nous avons fait évaporer cet hectolitre d'eau, jusqu'à réduction de 500 grammes de liquide : plus l'évaporation avançait, plus le liquide bouillait à une température qui dépassait cent degrés.

Nous avons filtré la liqueur ; nous eûmes sur le filtre un abondant résidu, puis un liquide jaunâtre, d'un brun foncé pesant 9° à l'aréomètre, d'une odeur alcaline, d'une saveur salée, styptique, donnant un précipité par l'oxalate d'ammoniaque, ne changeant pas de limpidité additionné de chlorure de barium, produisant un précipité abondant par l'azotate d'argent, entièrement soluble dans l'ammoniaque ; le chlorure de platine n'y donnant pas de précipité, les réactifs des sels de fer étant tous sans action.

La liqueur évaporée s'est prise en une masse cristalline confuse, contenant de l'eau d'interposition, et pesant 31 grammes ; cette masse avait un aspect brun foncé, d'une saveur âcre, saline, et paraissait très-hygrométrique. Ces sels dissous à nouveau dans l'eau additionnée de charbon animal, ne se sont pas sensiblement décolorés.

La solution a été filtrée, puis nous l'avons traitée par quelques gouttes d'acide sulfurique pur, qui nous a donné un précipité de sulfate de chaux : ce précipité recueilli sur un filtre, lavé et séché, a été dosé exactement.

Dans le liquide filtré, nous avons versé du carbonate de potasse, qui a produit un précipité de carbonate de magnésie, nous avons lavé, séché et pesé ce précipité.

Nous avons considéré comme chlorure de sodium ce qui restait dans la liqueur.

Pour le sulfate de chaux et le carbonate de magnésie, il nous a été facile, au moyen des équivalents chimiques, de les convertir en chlorures des mêmes bases.

Le résidu laissé sur le filtre, séché et pesé exactement, nous a donné trente-cinq grammes en poids. Nous l'avons traité par l'acide azotique, nous avons eu une vive effervescence due à la présence de l'acide carbonique des carbonates. Nous avons filtré, lavé le précipité, et, dans le liquide, nous avons versé de l'ammoniaque jusqu'à saturation, nous avons obtenu un précipité d'alumine et d'oxyde de fer. Nous l'avons redissous dans l'acide chlohydrique, traité par la potasse en excès, qui a précipité l'oxyde de fer et redissous l'alumine. Nous avons repris l'oxyde ferrique, lavé, séché et pesé ; quant à l'alumine, nous l'avons précipitée par le carbonate d'ammoniaque recueillie sur un filtre, séchée et pesée. Le résidu insoluble était de la silice impure.

Nous nous sommes occupé de rechercher dans l'eau de la Fontaine la présence de l'iode. Le chlorure de platine ne nous ayant pas donné de précipité, nous avons pensé qu'il n'y avait pas dans l'eau, de sels à base de potasse, et que l'iode ne pouvait y exister que combiné au sodium. Eu égard à la facile décomposition de ce sel, nous avons fait évaporer 25 litres d'eau de la fontaine, en ajoutant au liquide de la potasse caustique pure. L'eau alcalisée a été évaporée jusqu'à siccité, à une douce température; pendant la concentration, il s'échappait des gaz acides rougissant le papier de tournesol. Le résidu, composé d'iodures, de carbonates, de silice, de matière organique, et d'oxyde de fer, a été desséché, pulvérisé et introduit dans un ballon, avec de l'alcool à 90° centigrades. Ce mélange chauffé au bain marie a été décanté, jeté sur un filtre lavé à l'acide chlorhydrique étendu. La partie insoluble a été reprise une seconde fois par l'alcool, et le liquide réuni au premier; cette opération a été réitérée une troisième fois, les liqueurs réunies ont été évaporées au bain marie à siccité. Le dépot a été dissous dans un peu d'eau additionnée d'empois d'amidon récent et mis dans un tube.

Après avoir fait un mélange à partie égale d'acides nitrique et sulfurique, étendus de leur volume d'eau, nous avons introduit goutte à goutte de ces acides, et nous avons obtenu dans le tube une teinte légèrement rosée, qui nous a indiqué la présence de l'iode. Dans l'eau-mère provenant de la concentration ; nous avons versé une petite quantité de bi-chlorure de mercure, nous avons obtenu un précipité qui s'est redissous aussitôt, et un excès de réactif nous a amené un précipité rouge abondant de bi-iodure de mercure.

Bien que le *fluor* ne joue aucun rôle important dans les eaux, et que sa présence ou celle des fluorures ait été constatée en très-minime proportion, nous avons fait cependant quelques essais à ce sujet.

Nous nous sommes servi du procédé de M. Ch. Mène [1], comme étant le plus simple dans son application et le plus exact dans ses résultats.

Dans le résidu insoluble de l'évaporation des eaux de la Fontaine, nous avons ajouté de l'acide sulfurique en excès et nous avons introduit le mélange dans un ballon muni d'un tube plongeant dans de l'eau ammoniacale. Nous avons fait chauffer au bain de sable ; au bout de quelques instants, nous avons vu se dégager du gaz, puis l'eau devenir louche et se former de petits flocons gélatineux de silice, dus à la décomposition du fluorure de silicium.

---

[1] *Répertoire de pharmacie*, juin 1860.

Pour nous assurer de l'exactitude de l'expérience, nous avons fait une contre épreuve. Nous avons filtré l'eau ammoniacale qui avait subi la décomposition du fluorure de silicium, nous l'avons évaporée doucement en y ajoutant un peu d'acide sulfurique, et nous avons exposé au-dessus une lame de verre. Au bout d'un certain temps, cette lame n'a pas été sensiblement altérée.

Voici le tableau indiquant les résultats obtenus pour un litre d'eau de la Fontaine :

Acide carbonique.	litre .	0,030
Carbonate de chaux	grammes.	0,100
Carbonate de magnésie.	id.	0,025
Carbonate de soude	id.	0,025
Chlorure de calcium.	id.	0,020
Id. de sodium	id.	0,100
Chlorure de magnesium	id.	0,040
Silice	id.	0,150
Alumine	id.	0,040
Oxyde de fer	id.	0,029
Matière organique colorante.	id.	0,080
Iode.		traces.
Total.		0,609 gr.

C'est à la faveur de l'acide carbonique que le fer se trouve en dissolution dans l'eau de la source.

La grande quantité de silice trouvée n'est pour ainsi dire qu'accidentelle, car l'eau analysée ayant été prise au moment où l'on venait de vider le bassin, le puisement a donné à l'eau une certaine agitation qui a mis en suspension une grande quantité de molécules argileuses et siliceuses ; le repos donné à l'eau, après le transport, n'a pas suffi pour la débarrasser des matières en suspension.

A cent mètres de la source, en aval, nous avons puisé de la vase ; cinquante grammes de cette bourbe ont été desséchés et traités, par l'acide hydrochlorique, qui a produit un dégagement d'acide carbonique, nous avons obtenu un résidu insoluble pesant vingt-deux grammes composé de terre et de débris végétaux. La liqueur filtrée a donné quarante centilitres d'un liquide pesant + 10° à l'aréomètre.

Dix centilitres de cette liqueur traités par la potasse ont donné un précipité verdâtre, passant au rouge au contact de l'air, qui, desséché, a produit quatre grammes de matière solide.

Tel a été le résultat de notre examen en 1859; depuis, des travaux ont été entrepris à la Fontaine pour le captage des sources ferrugineuses et pour l'éloignement de la source d'eau douce.

Le débit de l'eau est plus abondant, il a augmenté par le temps pluvieux de l'année 1860, et le principe ferrugineux semble s'être atténué; après plusieurs jours de pluie, l'eau donne encore dans le bassin une coloration par la teinture de noix de Galle, mais plus faible; l'élément martial paraît très dilué, l'eau elle-même n'a plus la même saveur atramentaire, il est facile de voir que des eaux douces viennent se mêler à l'eau ferrée, et étendre la solution ferrugineuse. Toutefois sa composition est la même, le fer s'y trouve dans le même état de combinaison, sa quantité peut varier, mais l'élément ferrugineux n'a jamais disparu.

La fontaine de Saint-Mard remplit toutes les conditions d'une eau médicinale : la juste proportion du fer, l'état de combinaison dans lequel se trouve l'élément ferrugineux, constituent une eau dont les principes facilement absorbés, sont assimilables pour l'économie animale.

Fontaine des Lieutenants.

Il existe à Saint-Mard une seconde fontaine ferrugineuse, dite Fontaine des Lieutenants : elle est située sur le même plan que la première, un peu plus loin, et paraît venir de la même colline.

Cette fontaine forme un bassin circulaire sur le côté droit duquel sourd une source d'eau parfaitement limpide; le griffon est dans la craie, l'eau est pure. Sur le côté gauche du même bassin s'échappe également de l'eau en petite quantité qui laisse sur son parcours des traces rougeâtres d'oxyde de fer. Cette eau s'écoule avec lenteur sans se mélanger avec l'autre, et forme le long de son trajet des dépôts ocreux. Le griffon d'où elle sourd est fortement chargé de matières colorantes ochracées; les végétaux sont couverts de rouille.

Ces sources forment un ruisseau qui coule de l'est à l'ouest pour tomber dans le canal de la Fontaine précédente, et se déverser dans la rivière d'Avre.

A sa source, l'eau est limpide; elle a une saveur atramentaire

assez marquée, la température de l'eau est 11°, son degré hydrotimétrique est 25°.

La teinture récente de noix de galle versée à la source produit
instantanément une coloration noirâtre foncée. Récemment puisée,
la potasse donne un précipité nuageux; l'oxalate d'ammoniaque démontre de la chaux; l'azotate d'argent donne avec coloration un
précipité soluble en partie dans l'acide azotique. Sous le jeu des
réactifs des sels de fer, cette eau puisée à l'instant se comporte
ainsi : La noix de galle lui donne une couleur rouge lie de vin, l'a-
cide tannique produit une teinte violacée, le cyanure jaune de potassium rend l'eau louche, le cyanure rouge donne une coloration
verte. On peut dire déjà que le fer se trouve à l'état de protoxyde
mélangé de sel de sesquioxyde.

Une certaine quantité d'eau évaporée à siccité, le résidu traité
par l'acide sulfurique étendu, la solution filtrée, les réactifs ferriques
ont donné des réactions intenses de la présence du fer.

Mais cette eau soumise aux mêmes essais une heure après son
puisement, ses réactions ne sont plus les mêmes. L'eau devient louche, lactescente, et laisse déposer un précipité plus ou moins abondant de sels calcaires et ferrugineux. La noix de galle produit seulement un trouble avec une coloration bleue à la longue; l'acide
tannique la trouble sans la colorer, les autres réactifs ne donnent
pas de changement.

Ainsi cette eau, ferrugineuse à sa source, n'a pas de stabilité
dans sa composition et dépose les sels ferrugineux en dissolution.
Bue à sa source, elle contient évidemment tous les principes actifs
de l'élément ferrugineux, mais elle ne peut être transportée, car
alors elle perd de ses propriétés ; son trouble la rend peu potable
et son dépôt la prive de toute sa vertu martiale.

Eaux ferrugineuses des environs.

Si, sortant pour un instant de notre canton, nous nous dirigeons
vers le département de l'Oise, nous trouverons, à quelques kilomètres de nous, des fontaines ferrugineuses que nous examinerons ;
notre digression pourra être de quelqu'intérêt.

Fontaine-Cayeux. — Beaulieu-les-Fontaines est un village situé à
huit kilomètres à l'est de Roye dans le département de l'Oise.

Beaulieu possède une source appelée Fontaine-Cayeux, située à trois cents mètres du village. Cette source présente des intermittences sans qu'il y ait jamais suspension dans son débit ; elle sort d'une couche de lignite qui s'étend sous les terres de l'ancienne forêt de Bouvresse.

Le carbonate de chaux que cette eau renferme, l'absence de sulfate calcaire (pas toujours), la présence du crénate et du carbonate de fer en constitue une excellente eau potable. On y trouve des proportions notables d'iode et de brôme évaluées pour l'iode à 1/100 de milligramme. Cette eau contient en outre des traces d'arsenic, ce qui serait plutôt avantageux que nuisible si l'on admet l'arsenic physiologique.

Voici, d'après le docteur Guilbert, la composition de l'eau de la fontaine pour un litre :

Acide carbonique. . . .	0 litre 020
Carbonate de chaux . .	0^{gr} 195
Sel de magnésie.. . . .	0^{gr} 050
Chlorure de calcium. . .	0^{gr} 014
Iode.	0^{gr} 0000066
Oxyde de fer.	0^{gr} 020
	0^{gr} 279

Fontaine de Lassigny. — Lassigny, chef-lieu de canton de l'Oise, à dix kilomètres de Roye, est un bourg de 935 habitants.

Sur une colline située à 500 mètres de Lassigny se trouve une fontaine dite ferrugineuse. L'eau de cette fontaine, qui paraît venir des lignites, a une saveur d'encre sensible à la source et exhale une légère odeur d'œufs pourris (acide sulfhydrique) qui disparaît vite. Le fer s'y trouve à l'état de carbonate et de crénate, mais en plus forte proportion que dans l'eau de la source Cayeux. Cette eau est bonne et assez potable, mais ce qui est remarquable, c'est la quantité relativement très-considérable d'iode qu'elle contient, accompagnée de fort peu de brôme. La quantité d'iode trouvée, d'après le tableau suivant, est de 1/30, et devrait être portée à 1/10 de milligramme.

Certaines eaux naturelles réputées iodées en contiennent certainement moins, et cette eau peut être prescrite dans les cas de chlorose, de goître, etc. Les affections scrofuleuses, les goîtres sont nombreux dans le canton de Lassigny, et l'eau de la fontaine qui trouverait si utilement son application dans ces affections, est malheureusement trop négligée.

Voici sa composition par litre d'eau :

Degré hydrotimétrique 25°.

Acide carbonique . . . . litre 0,040.

Carbonate de chaux. . grammes 0,092.
Sels de magnésie. . . . id. 0,062.
Sulfate de chaux. . . . id. 0,024.
Chlorure de calcium. . . . . 0,073.
Iode.. . . . . 0,00003.
Silice. . . . . 0,012.
Oxyde de fer. . . . . . . 0,030.

Total. . . . . 0,283.

A Noyon, il y a aussi deux fontaines ferrugineuses ; celle du mont Renaud est moins ferrée que la précédente et contient fort peu d'iode. L'eau de la fontaine du Pisselot, analysée par Vauquelin, qui a trouvé gr. 0,179 de carbonate de fer, a dû bien changer de composition, car maintenant c'est à peine si l'on y rencontre des traces sensibles de fer.

A Bains près Rollot, il y a aussi une source ferrugineuse dans la propriété du château ; l'élément ferrugineux paraît provenir de la décomposition des sulfures qui se trouvent dans les terrains glaiseux sur lesquels coule l'eau de la fontaine.

Toutes ces eaux sont préconisées par nos médecins, et sont pour ainsi dire de notre ressort à cause de leur voisinage.

Nous ne pousserons pas plus loin nos pérégrinations, et nous revenons à Saint-Mard.

Eaux de l'étang de Saint-Mard.

Nous avons dit qu'un étang de six hectares, alimenté par les eaux du marais, servait de réservoir au moulin de Saint-Mard. Cet étang, qui est au bas de la vallée, est séparé de la fontaine par une chaussée en relief, la surface des eaux présente des plantes aquatiques nombreuses ; le fond de l'étang est vaseux.

L'eau de l'étang, puisée non loin des bords, n'a pas donné trace de sulfate calcaire, il n'entre dans sa composition que de la chaux et de la matière organique ; bien que sa constitution chimique n'indique rien de particulier, cette eau, à raison des matières en décomposition qu'elle renferme, ne peut servir de boisson. Une partie des eaux de l'étang sert au rouissage du chanvre. L'eau prise près de ces routoirs est colorée, d'une odeur fétide, tenant en suspension des molécules étrangères, ne décelant par les réactifs aucun sel particulier, précipitant l'azotate d'argent en le colorant.

Les dégagements d'hydrogène carboné et d'acide carbonique qui se font constamment de ces routoirs, constituent des exhalaisons qui ne peuvent qu'être insalubres; quant aux effets des effluves marématiques, ils sont constants, et la santé des populations paraît se ressentir du voisinage des marais et des étangs.

Saint-Aurin.

Si nous suivons la vallée et le cours de la rivière d'Avre, nous rencontrerons le moulin de Falvert, situé à moitié chemin de Saint-Mard à Saint-Aurin. A droite de la route qui conduit au village, avant le pont, se trouve une fontaine dont l'eau paraît venir du flanc droit de la colline septentrionale; le griffon de la source est dans la craie, l'eau est assez abondante, elle forme un ruisseau qui passe derrière le moulin et va se déverser dans la rivière d'Avre.

Cette fontaine est peu fréquentée, l'eau est profonde, une pente douce conduit au puisement, la qualité de l'eau est potable, son degré hydrotimétrique est 25°, elle contient peu de carbonate de chaux, beaucoup de chlorures, et n'accuse pas la présence du sulfate calcaire.

En traversant le pont et en laissant l'Avre s'écouler à droite vers Léchelle, on gravit une petite colline sur laquelle est bâti le village de Saint-Aurin. C'est une commune de 105 habitants, dépendante de Léchelle; ce village est situé à 61 mètres au-dessus du niveau de la mer.

Sa position topographique donne à ses puits différentes profondeurs, suivant qu'ils sont placés sur le côteau ou sur le versant.

Cette profondeur varie de cinq à dix mètres. C'est dans la craie qu'ils sont creusés, l'eau que l'on en retire n'est pas sélénileuse, elle contient du carbonate calcaire et des sels de magnésie; elle est impropre à la dissolution du savon.

4

Léchelle.

Le village de Léchelle ne forme qu'une commune avec la précédante ; on dit Léchelle-Saint-Aurin. L'Avre arrose le village et forme une vallée marécageuse coupée de canaux ; là encore l'Avre fournit ses eaux au moulin de Diencourt, dernière dépendance du canton.

La population de Léchelle est de 112 habitants, la superficie de son territoire est de 500 hectares. Le village est bâti, partie dans la vallée et partie à mi-côte de la colline qui se relève au sud ; aussi les puits ont-ils des profondeurs différentes qui varient de six à dix mètres, l'eau en est bonne : des carbonates, un peu de chlorures, sont les éléments de sa composition.

L'eau des puits n'est pas la seule qui fournisse aux besoins des habitants du village. Une fontaine que l'on nomme Fontaine de Léchelle coule au bas de la colline du nord, à droite du chemin qui descend de Villers à Léchelle ; le griffon de la source est dans la craie ; près de là on exploite de vastes carrières de calcaire pour faire de la chaux. L'eau que donne cette source est abondante, elle forme un ruisseau qui se déverse dans la rivière d'Avre. La qualité de cette eau est potable, l'eau est limpide, d'une température de 10°, les réactifs décèlent la présence de sels calcaires en peu d'abondance ; la dissolution du savon s'y fait bien.

Armancourt.

En allant vers le sud, et remontant la principale rue du village de Léchelle, on se dirige vers Armancourt ; après une ascension assez rapide, de vastes plaines se déroulent et on aperçoit à droite l'Avre suivant son cours vers Guerbigny.

Armancourt est sur un plateau dont l'altitude est de 98 mètres ; le sol est très productif. Le village est petit : 18 maisons, 80 habitants ; la superficie de son territoire est de 216 hectares.

Le village d'Armancourt n'a pour suffire à ses besoins que l'eau des puits ; ceux-ci sont creusés dans le calcaire, leur profondeur est de vingt à vingt-cinq mètres ; l'eau en est peu potable, bien qu'elle ne contienne pas de sulfate calcaire, mais elle renferme beaucoup de sels de chaux et de magnésie qui la rendent peu propre aux usages domestiques.

Laucourt.

D'Armancourt à Laucourt la distance est de deux kilomètres en plaine. Ce village est à 85 mètres au-dessus du niveau de la mer, son sol est fertile, sa superficie est de 637 hectares. Il existe sur le terroir de Laucourt de gros nodules de grès à un peu moins de deux mètres au-dessous de la surface du sol.

Laucourt est un beau village ; ses maisons, de construction nouvelle pour la plupart, sont au nombre de 60, qui renferment une population de 222 habitants occupés à l'agriculture.

La commune de Laucourt n'a que des puits ; elle recueille aussi l'eau des rues dans des mares qui servent au bétail.

Les puits creusés dans la craie ont dix-sept mètres de profondeur ; l'eau qu'ils fournissent n'est pas séléniteuse, pourtant le savon s'y dissout mal : elle renferme parfois des matières organiques, surtout quand les puits sont voisins des mares dans les cours.

Dancourt.

Dancourt est un village au nord de Laucourt, situé près de la route de Roye à Montdidier, à 18 kilomètres de cette ville.

Dancourt n'a que 36 maisons et 127 habitants ; le sol de Dancourt se compose de 302 hectares d'une terre franche, perméable à la chaleur et à l'humidité, légèrement sablonneuse.

Les puits à la profondeur de vingt-cinq mètres sont dans la craie ; l'eau en est peu potable, elle contient du sulfate de chaux et beaucoup de carbonate calcaire.

Popincourt.

En traversant de Dancourt la route de Roye à Montdidier, on arrive au petit village de Popincourt, patrie de l'illustre Jean de Popincourt, président du Parlement.

Popincourt ou Popaincourt renferme une population de 78 habitants ; son territoire est de 287 hectares de bonne terre légère et sablonneuse, son altitude est de quatre-vingt-quatorze mètres.

La profondeur des puits est de vingt à vingt-cinq mètres ; l'eau est peu potable, elle contient du sulfate de chaux, du carbonate calcaire et de la matière organique. La craie dans laquelle sont creusés les puits se rencontre plus profondément.

Tilloloy.

Si de Popincourt on marche au sud du village, on aperçoit des parties boisées au milieu desquelles se détache le plus beau château de nos environs ; c'est le château de Tilloloy, qui fut le berceau de la noble famille de Soyécourt.

Le village de Tilloloy est situé à droite et à gauche de la route impériale de Paris à Lille, c'est une belle commune qui possède 140 maisons et renferme une population de 421 âmes ; son altitude est de 93 mètres. Son territoire occupe une superficie de 639 hectares en terres labourables, prés et bois.

C'est l'eau des puits qui alimente le village de Tilloloy ; il faut traverser près de dix mètres de sable blanchâtre avant d'arriver à la couche aquifère que l'on rencontre à vingt-cinq ou trente mètres dans la craie ; cette eau est très calcaire et impropre aux usages domestiques.

Beaucoup d'habitants du village, dans la partie gauche surtout, se plaignent de carie dentaire ; cette affection peut provenir de la crudité des eaux et de leur basse température. Tilloloy ferme au sud la limite du canton de Roye.

Beuvraignes.

En revenant sur ses pas à droite, on rencontre le fort village de Beuvraignes, d'abord les Loges, agglomération de maisons située à trois kilomètres du village dont elle fait partie.

Les Loges, le point le plus élevé du canton, ont 102 mètres d'altitude ; la population compte 200 individus ; des bois nombreux entourent le pays.

La couche d'eau qui alimente les puits est à vingt-cinq mètres de profondeur du sol, elle a quelquefois huit mètres de hauteur dans les puits ; il faut traverser vingt mètres de sable blanchâtre, puis verdâtre, pour arriver à la craie qui donne alors une eau contenant du sulfate de chaux, beaucoup de sels calcaires, et impropre aux usages journaliers.

Quittant les Loges, on prend la rue de l'Abbaye, dont le nom rappelle l'existence d'une maison abbatiale, pour arriver à Beuvraignes.

A droite de la rue de l'Abbaye, vers le Cessier, on quitte la plaine sablonneuse pour arriver à une petite éminence sur laquelle est située une chapelle. Près de cette chapelle existe une fontaine dont l'eau a la réputation de guérir les enfants rachitiques plongés dans son sein.

Cette fontaine, qui n'a pas d'écoulement, est une espèce de cavité dans laquelle on descend par un escalier ; cette cavité se trouvant plus bas que le sol environnant, devient le réservoir de l'égouttage des terrains humides qui l'avoisinent ; le sous-sol est une couche d'argile qui s'oppose à l'infiltration de l'eau : près de la fontaine sont des prés humides où le colchique croît abondamment.

L'eau de cette fontaine est une sorte d'eau croupissante, sans écoulement apparent, et qui disparaît lentement dès que les pluies cessent de l'alimenter. L'eau est de mauvaise qualité, elle n'est pas potable, contient de la matière organique, et beaucoup de sulfate de chaux. La température est de + 10°.

Beuvraignes est le plus fort village du canton de Roye ; son existence paraît remonter assez loin dans le passé ; on remarquait il y a peu d'années sur la place du village de très-gros grès, qui semblaient faire partie d'un dolmen.

Beuvraignes renferme une population de 1224 habitants et 354 maisons. Ce grand village est mal partagé sous le rapport des eaux ; des puits creusés dans le sable et la craie à vingt et un mètres de profondeur donnent une eau séléniteuse, contenant beaucoup de sels de chaux et de la matière organique. Cette eau est crue, louche, ne cuisant pas les légumes, ne dissolvant pas le savon.

Le territoire de Beuvraignes offre une superficie de 1450 hectares ; il est élevé de 94 mètres au-dessus du niveau moyen de la mer ; ce territoire se compose de prés, de bois et de terres labourables sablonneuses.

Verpillières.

Le petit village de Verpillières se présente après Beuvraignes à une distance de trois kilomètres de Roye ; sa population est de 148 habitants, le nombre de ses maisons et de 39. Le territoire de Verpillières se compose de 637 hectares de terres labourables ; l'Avre baigne une partie du terroir. Le sol, qui est fertile et dont l'altitude est de 80 mètres, va en s'abaissant à l'est vers la commune d'Amy (Oise) pour aboutir à un banc de lignites.

Les puits ont peu de profondeur ; à six ou sept mètres dans la craie, on trouve de l'eau dont la qualité est mauvaise : elle est crue, séléniteuse, très calcaire, impropre aux usages domestiques.

Le village possède des mares assez mal entretenues.

A droite de Verpillières, vers Beuvraignes, existait il y a vingt ans encore, une espèce de marais d'environ vingt-cinq hectares de superficie, qui était couvert d'eau, et où venait, l'hiver, s'abattre le gibier sauvage : sans que l'on ait rien fait pour le dessécher, ce marais a disparu, il s'appelait le Val de Gronde, il est aujourd'hui en culture.

Roiglise.

Verpillières, commune voisine de Roiglise, s'élève sur le bord opposé de la rivière d'Avre ; elle est la première commune du canton que baigne cette rivière.

Roiglise, situé à quatre kilomètres de Roye, à l'est de cette ville, est bâti à mi-côte d'une colline élevée de quatre-vingt-un mètres au-dessus de la mer, sur la route de Roye à Noyon ; une vallée marécageuse existe au Sud de Roiglise.

La superficie de son territoire est de 567 hectares, sa population est de 280, le nombre de ses maisons est de 74.

La position topographique de Roiglise donne à ses puits des profondeurs qui varient de douze à quinze mètres ; l'eau est limpide, d'une température de $+ 10°$, elle contient des sels calcaires provenant de la craie dans laquelle elle coule, mais ces sels ne sont pas en assez forte quantité (dans le bas du village surtout), pour empêcher l'eau de servir aux besoins des ménages.

Champien.

Le village de Champien est situé au milieu d'une plaine fertile dont l'altitude est de 94 mètres ; le nombre de ses maisons est de 131, celui de ses habitants est de 463, la superficie de son territoire est de 876 hectares.

Champien ne possède que des puits fournissant aux habitants, à la profondeur de vingt-cinq à vingt-sept mètres dans la craie, une eau peu potable, légèrement sulfatée, contenant des carbonates de chaux et de magnésie, des chlorures de ces bases et de la matière organique.

Waucourt, petite dépendance de Champien, situé sur la route de Rouen à La Capelle, renferme, au contraire, des puits dont l'eau est plus potable ; leur profondeur est de vingt à vingt-sept mètres ; une faible quantité de sels calcaires permet à l'eau de cuire assez bien les légumes.

Carrépuits.

En allant de Roye vers Nesle se trouve le village de Carrépuits, distant de notre ville de deux kilomètres.

Carrépuits n'a que 234 habitants et 72 maisons ; la superficie de son territoire est de 550 hectares en terres labourables : le moulin du village situé vers Roye est à 97 mètres au-dessus du niveau moyen de la mer.

La commune de Carrépuits paraît tirer son nom du puits carré qui se trouve dans la cour de la maison commune. Ce puits, qui a vingt-deux mètres de profondeur dans la craie, renferme de l'eau qui précipite en blanc par l'azotate de Baryte, l'oxalate d'ammoniaque et l'azotate d'argent ; aussi sa qualité laisse-t-elle bien à désirer pour les besoins domestiques.

Rethonvillers.

En suivant la route on rencontre au Nord, le village de Rethonvillers, situé au milieu d'une plaine fertile, propre à la culture du froment.

Le village compte 128 maisons et 461 habitants : son terroir offre une superficie de 712 hectares en terres labourables.

L'eau des puits est la seule qui alimente le village ; cette eau est assez bonne en général, elle renferme peu de sels calcaires ; cependant l'eau de certains puits est de mauvaise qualité. La profondeur des puits, creusés dans la craie blanche quelquefois mélangée de craie jaunâtre d'un grain inégal, est de vingt à vingt-cinq mètres.

Sept-Fours — est un hameau peu important, comme l'indique son nom, qui dépend de Rethonvillers ; il est situé au nord-ouest de ce village à 500 mètres de distance ; il renferme 15 maisons et 57 habitants ; ses puits ont seize mètres de profondeur, l'eau en est assez bonne, elle ne contient pas de sulfate de chaux.

Thilloy, — qui possède sept à huit feux et 21 habitants, est aussi un hameau dépendant de Rethonvillers, il n'en est éloigné que de

400 mètres au nord-ouest. Sur une éminence, à 92 mètres d'altitude, on a retrouvé les fondations d'un ancien château féodal, qui, vers 1100, appartenait au duc Jean de Thilloy.

C'est l'eau des puits qui sert aux besoins des habitants, elle est à la même profondeur que la précédente, elle est claire, le savon s'y grumèle, les sels calcaires sont en petite quantité ; elle n'est ni crue, ni séléniteuse.

Marché-Allouarde.

A droite de Rethonvillers est le village de Marché. C'est une petite commune, sa population est de 97 habitants (2 goîtreux) qui occupent 30 maisons. La superficie de son territoire est de 205 hectares.

Les puits qui sont creusés dans la craie, à une profondeur de trente mètres, fournissent de l'eau fortement chargée de carbonate calcaire ; elle est crue, le savon s'y grumèle, les légumes n'y cuisent pas, et dans certaines cours, malgré la profondeur des puits, elle renferme des substances de nature azotée.

Balâtre.

Près de Marché se trouve le petit village de Balâtre, situé dans une plaine élevée de 92 mètres, par rapport au niveau de la mer. Cette position topographique n'offre aux habitants de Balâtre que de l'eau de puits à une profondeur de vingt-cinq mètres dans la craie. Cette eau est relativement potable, ses sels calcaires et magnésiens sont en faible quantité, elle ne renferme pas de sulfate de chaux, en sorte qu'elle peut être employée pour tous les besoins.

La commune de Balâtre est à six kilomètres du chef-lieu de canton, sa population est de 228 âmes, ses maisons sont au nombre de cinquante et une ; son territoire a 329 hectares de superficie.

Biarre.

Biarre était autrefois un village plus important, qui possédait, en 1473, un couvent, et un château détruits depuis par les flammes ainsi que l'église et le presbytère. Aujourd'hui Biarre a 31 maisons et 122 habitants, le village est à 87 mètres d'altitude, la superficie du sol est de 240 hectares.

Biarre n'a que de l'eau de puits pour ressource et encore est-elle de mauvaise qualité; en outre du sulfate de chaux qu'elle contient, elle renferme encore beaucoup de sels calcaires.

Omancourt.

On va de Champien à Omancourt et on traverse Solente, village du département de l'Oise qui faisait autrefois partie du bailliage de Roye.

Par ordonnance du 29 octobre 1826, Omancourt qui a une église, a été réuni à la commune de Cressy. Omancourt est, en effet, un hameau qui n'a que quelques habitants.

L'eau des puits est la seule dont on fasse usage, elle est claire et n'accuse que la présence du carbonate de chaux ; les puits sont dans la craie et ont vingt mètres de profondeur.

Cressy.

D'Omancourt à Cressy, on suit une route établie sur le versant d'une colline qui forme à sa base une sorte de vallée profonde qui n'a pas d'eau, mais le terrain est fort accidenté dans les parties déclives ; c'est vers cette vallée qu'existait, il y a plus d'un demi-siècle, le hameau de Wailly.

On arrive à la route de Nesle à Noyon, on remonte à gauche et l'on rencontre le village de Cressy, qui a une population de 312 habitants et dont le territoire offre une superficie de 770 hectares ; son altitude est de 71 mètres.

Les puits donnent seuls de l'eau aux habitants, leur profondeur est d'environ vingt mètres, ils sont creusés dans la craie ; l'eau que fournissent ces puits est d'assez bonne qualité, elle n'est pas séléniteuse, elle est seulement légèrement calcaire.

Ercheu.

Il faut revenir sur ses pas pour prendre la route qui conduit de Cressy à Ercheu, situé à peu de distance.

Ercheu est une des fortes communes du canton et possède une église riche en beautés architecturales. Le village est bien bâti, sa population est de 1091 habitants, le nombre de ses maisons est de 300 : son territoire se compose de 1410 hectares en terres labourables, prés et bois, son altitude est de 79 mètres.

L'eau des puits constitue la boisson principale des habitants d'Ercheu ; cette eau est louche, fort chargée de carbonate calcaire, elle n'est pas cependant sélénitcuse dans la majeure partie des puits, mais elle est impropre aux usages domestiques. Les puits ont six à dix mètres de profondeur, ils sont dans la craie ; on rencontre quelquefois du sable blanchâtre avant d'arriver à la couche calcaire.

Une fontaine existe au sud d'Ercheu entre ce village et Beaulieu, près de l'Abbaye-aux-Bois. Cette source, que l'on nomme fontaine du Cerf, est située à mi-côte d'une colline, dans un petit bosquet ; elle fournit peu d'eau, elle forme un faible ruisseau qui descend dans la vallée en se dirigeant à l'Est ; l'eau alors semble se perdre. L'eau de la fontaine est recueillie dans un bassin en maçonnerie ; à sa source elle sort de la craie, elle est claire, limpide, sa température est d'environ 11°, son degré hydrotimétrique est 28 ; son analyse démontre la présence du sulfate de chaux et du carbonate de la même base, elle est peu potable ; cependant les habitants en vont chercher pour les malades.

Il existe encore vers Moyencourt deux autres sources dont l'eau a la même composition.

Ercheu possède une fabrique de sucre ; le puits de cette usine a trente-six mètres de forage, et fournit une eau fort calcaire, laissant d'abondants dépôts dans les bouilleurs : les eaux de l'usine qui tombaient autrefois dans les fonds d'Ercheu, sont absorbées par des puisards.

A Ercheu, on rencontre fréquemment le goitre, maladie occasionnée sans doute par l'emploi d'eaux calcaires qui renferment souvent des matières organiques en dissolution.

Près d'Ercheu, et dépendant de cette commune, se trouve le village de Ramecourt, hameau qui possède une quinzaine de maisons. Ramecourt est situé dans la vallée, près de la ferme de Launoy, et baigné par les eaux de la rivière bleue. Les habitants de ce village ont pour boisson l'eau des puits ; ceux-ci sont creusés dans la craie, à cinq mètres de profondeur et fournissent de l'eau dont la qualité est mauvaise, puisqu'elle renferme du sulfate de chaux.

Près de Ramecourt se trouvent des fontaines dont l'eau est employée au rouissage du chanvre.

Moyencourt.

C'est en allant d'Ercheu à Moyencourt, que se trouvent les fontaines d'Ercheu ; elles sont situées dans les bas-fonds du village, à droite du chemin d'Ercheu à Ramecourt. Ce sont deux sources mal entretenues, fournissant peu d'eau ; l'une sourd à droite et l'autre à gauche : leurs eaux se réunissent en un petit ruisseau et tombent dans les canaux où arrivent les eaux bâtardes d'Ercheu ; elles se dirigent alors à l'est vers Lannoy, où elles prennent le nom de Rivière bleue.

La rivière forme près de Lannoy les marais et l'étang de cette ferme ; cet étang offre une superficie d'environ 90 ares. Près de Lannoy, vingt hectares de terres ont été drainés.

C'est alors que la rivière bleue, augmentée des fontaines et des routoirs de Ramecourt, se joint au petit Ingond ou ruisseau de Libermont.

Le Petit Ingond, qui n'a pas de source proprement dite, est formé par la réunion d'eaux pluviales et prend naissance à Libermont, village du département de l'Oise, situé sur le versant opposé ; après avoir reçu l'eau de la fontaine de Bessancourt, ancien hameau dépendant d'Ercheu, il se dirige vers Lannoy. Le Petit Ingond grossi alors de la rivière bleue, traverse les marais de Buverchy, se dirige vers Breuil et un peu après les marais de ce village reçoit les eaux de Bacquencourt, à droite, et celles de la fontaine d'Arrivaux à gauche : augmenté de ces eaux, le petit Ingond forme les marais de Tomvoye qu'il traverse, et va se jeter dans la rivière d'Ingond, en avant de Bipont, sur la route de Roye à La Capelle, entre Nesle et Ham.

En arrivant à Moyencourt, et se dirigeant vers le château, on traverse un pont sous lequel passent les eaux pluviales descendant des côteaux. A droite, avant le pont, on aperçoit les ruines d'un ancien couvent, c'était celui des Cordeliers ; au pied de ce monastère prenait naissance, il y a vingt-cinq ans, la fontaine des Cordeliers dont l'eau était fort usitée pour les maux d'yeux.

Après avoir traversé le pont et s'être dirigé vers le château de Moyencourt, édifice bâti sur les ruines de l'ancien château d'Arrivaux en 1765, on aperçoit le plateau sur lequel repose la propriété, s'incliner vers les marais : c'est du flanc gauche du côteau que coule la fontaine qui donne naissance à l'Arrivaux.

Ce ruisseau après avoir baigné les prairies, va tomber dans le Petit Ingond à gauche, vers Breuil.

La fontaine a sa source dans la craie ; l'eau qu'elle fournit est claire, limpide, potable et peu calcaire. Le puits qui donne l'eau aux habitants du château a huit mètres de profondeur dans la craie ; cette eau a la même composition que celle de la fontaine : en effet, le nivellement démontre que c'est la même nappe d'eau qui alimente le puits et la fontaine d'Arrivaux.

Dans le village de Moyencourt les puits ont sept à huit mètres de profondeur dans la craie, l'eau en est claire, mais séléniteuse et peu propre aux usages domestiques.

Moyencourt possède une fabrique de sucre établie sur le même plateau que le château, le puits qui alimente les chaudières donne de l'eau à huit mètres et a un forage de cinquante mètres dans la craie ; la qualité de cette eau est calcaire et donne des incrustations dans les bouilleurs.

La commune de Moyencourt a 400 habitants et un territoire de 415 hectares de superficie, son altitude est de 77 mètres ; on y compte cinq goîtreux.

Breuil.

Nous avons vu les eaux du Petit-Ingond grossies de leurs affluents venir former à Breuil des marais et un étang. En effet, près du château, se trouve un étang d'une superficie de quatre-vingts ares.

Breuil est une petite commune située en partie dans la vallée ; sa population est de 219 habitants, la superficie de son territoire est de 217 hectares en terres labourables et en prairies. Son altitude est de 71 mètres.

Les habitants de cette vallée marécageuse sont sujets aux fièvres intermittentes, qui cèdent facilement sous l'action des fébrifuges.

C'est l'eau des puits qui fournit aux usages des habitants de Breuil ; ces puits sont creusés les uns à huit mètres, dans la craie jaune et blanche ; les autres à dix mètres dans le sable vert ; l'eau des premiers est claire et peu calcaire, l'eau des seconds, au contraire, est peu potable, elle est saumâtre et calcaire.

Dreslincourt.

Le village de Dreslincourt, situé au nord du canton au delà et près de Nesle, est voisin de Curchy.

C'est un village de 60 habitants, la superficie du territoire est de 328 hectares.

L'eau des puits est la seule que l'on emploie, les puits sont dans la craie à vingt mètres de profondeur, la qualité de l'eau est assez potable, car elle ne contient pas de sulfate de chaux et ses autres sels sont peu abondants.

Curchy.

Curchy est un village de 260 habitants dont le territoire, élevé de 88 mètres au-dessus du niveau moyen de la mer, offre 402 hectares de superficie.

Le village est bâti sur un côteau s'inclinant vers l'Ingond qui coule au bas de la vallée : du côté opposé à cette vallée, s'élève la colline sur laquelle repose Étalon, qui s'incline à son tour vers Herly, pour gagner le plateau où est assis le village. Ces ondulations de terrain forment une espèce de chaîne de montagnes, que baigne sur le revers oriental la rivière d'Ingond.

Curchy, à cause de sa situation, offre des puits dont la profondeur varie de six à dix-huit mètres; l'eau que fournissent les puits les moins profonds, c'est-à-dire ceux situés vers la partie déclive du côteau, est claire, d'une saveur sapide, renfermant beaucoup de chaux, de chlorures, et ne donnant pas trace de la présence du sulfate calcaire.

L'eau des puits, au contraire, provenant de la partie la plus élevée, est louche, crue, séléniteuse. Malgré la différence qui existe dans la composition des eaux des puits de Curchy, ces eaux ne sont pas potables.

Étalon.

Le village d'Étalon est au nord d'Herlye; il est situé en partie sur une colline dont l'altitude est de 87 mètres; cette colline est baignée au nord et à l'est par la rivière d'Ingond.

Etalon est une petite commune de 264 habitants, sa superficie est de 436 hectares de terres labourables, prés et bois.

Le village offre dans ses puits des profondeurs différentes qui varient de sept à vingt-sept mètres, les premiers sont creusés dans une sorte de tuf caillouteux reposant sur un banc d'argile plastique; les autres, au contraire, sont dans la craie.

La qualité de l'eau ne se ressent pas de cette différence de terrain, cette eau est partout louche, crue, séléniteuse.

Herlye.

Herlye est un village de 135 habitants, situé sur un petit monticule dont l'altitude est de 84 mètres.

Le village est bâti à mi-côte et sur le plateau de la colline, son territoire se compose de 375 hectares en prairies et en terres labourables.

C'est au pied de cette colline que coule l'Ingond, qui reçoit les eaux d'une fontaine située sur le flanc oriental du village, et qui va alimenter le moulin de Morlemont.

Cette fontaine sourd de la craie; elle fournit une eau vive claire et limpide, ne donnant ni trouble, ni précipité par l'azotate de baryte, présentant tous les caractères d'une eau potable; son degré hydrotimétrique est 18°.

Les puits qui servent aux besoins des habitants du village sont creusés dans la craie, à douze mètres de profondeur, ils fournissent une eau louche donnant des indices de la présence du sulfate de chaux.

Cette eau est de mauvaise qualité, celle de la fontaine devrait servir exclusivement de boisson aux habitants.

Manicourt.

Manicourt est un petit village de 66 habitants; il est situé dans une plaine offrant une superficie de 283 hectares et s'inclinant vers la vallée que forme la rivière d'Ingond; il constitue le versant opposé en face le village d'Herlye; sa hauteur au-dessus du niveau de la mer est de 68 mètres.

Les puits du village creusés dans la craie présentent des profondeurs variant de vingt à vingt-cinq mètres; l'eau de ces puits n'est ni crue, ni séléniteuse, mais elle contient beaucoup de sels calcaires.

Billancourt.

Billancourt est un petit village voisin de Nesle; sa population est de 305 habitants, ses maisons sont au nombre de 80, la superficie de son territoire est de 495 hectares. Ce village est situé sur une colline dont l'altitude est de 88 mètres.

Les puits sont dans la craie à vingt-cinq mètres de profondeur, l'eau en est calcaire et séléniteuse.

Fonchettes.

Fonchettes est un faible village assis sur la route impériale de Paris à Lille ; sa population est de 70 habitants, la superficie de son territoire est de 167 hectares.

Fonchettes est bâti en partie sur une colline dont l'altitude est de 90 mètres. Les puits sont creusés dans la craie et offrent des profondeurs qui varient de cinq à douze mètres ; l'eau prise dans le haut ou dans le bas du village présente la même composition ; elle est assez limpide, précipite par l'azotate de Baryte et décèle la présence du carbonate calcaire et de la matière organique.

En descendant de Fonchettes vers Fonches, on aperçoit une vallée dans laquelle coulent les eaux pluviales venant des côteaux voisins et qui traversent la route, sous un pont. C'est dans cette vallée que serpentait autrefois la rivière d'Ingond dont la source était placée beaucoup plus haut sur le terroir de Fouquescourt.

Les habitants voisins de cette vallée marécageuse sont sujets aux fièvres intermittentes et aux goîtres ; on y compte dix goîtreux.

Fonches.

Venant de Fonchettes, on rencontre Fonches, village de 257 habitants, et dont le territoire est de 337 hectares de superficie.

Fonches n'offre à ses habitants que l'eau de puits et l'eau de la Bourie, la première est claire, mais peu potable, on la rencontre dans la craie à cinq ou vingt mètres de profondeur, la seconde constitue les sources de la rivière d'Ingond.

Cette rivière prend sa source à droite de Fonches, au pied d'une colline, à deux endroits différents ; l'eau sort de la craie, elle est peu abondante à sa source, elle coule sans murmure sur un fond crayeux et tourbeux ; puis son volume est augmenté par des puits artésiens forés dans son lit, qui donnent parfois de l'eau en abondance : un ruisseau alimenté par une autre source placée plus haut vers la même colline, plus près de Fonches et qui peut être considérée comme la première source, se jette dans la rivière au-delà des puits. Ces différentes sources forment un cours d'eau qui, se dirigeant de l'Ouest à l'Est, baigne de vastes prairies à fond tourbeux, passe contre Étalon, alimente le moulin d'Herlye, s'augmente de la fontaine placée sous ce village sur la rive droite, court au moulin de Morlemont, s'écoule vers Nesle et fait tourner à l'entrée de la ville le moulin de Canteraine.

C'est ici que l'Ingond séparait autrefois le bailliage de Roye de celui de Saint-Quentin.

Avant de sortir de la ville de Nesle, la rivière se rend à l'usine de Saint-Jacques, traverse les marais de Longpin, se dirige vers Bipont, reçoit alors le petit Ingond, alimente le moulin de Rouy, et va, près de Voyenne, se joindre à la Somme par la rive gauche.

L'eau de la source d'Ingond, à la Bourie, comme celle des puits artésiens, est claire, limpide, ne renfermant de sels calcaires, qu'une faible proportion de carbonate et de chlorure; elle peut servir et elle sert aux usages domestiques des habitants, malheureusement l'accès de la Bourie est fort difficile.

Liancourt-Fosse.

Le village de Liancourt-Fosse, situé à sept kilomètres au Nord de Roye, est traversé par la route impériale et bâti dans une vallée qui aboutit à l'Ingond.

Sa population est de 565 habitants, le nombre des maisons est de 151 renfermant 177 ménages: l'altitude de son territoire, qui se compose de 648 hectares, est de 88 mètres.

A l'ouest du village on rencontre, en perçant les puits, une couche de terre végétale de soixante centimètres, puis de l'argile friable, du sable vert peu compact, ensuite une sorte de tuf caillouteux d'environ un mètre d'épaisseur, puis enfin de la craie dans laquelle se trouve la couche aquifère.

La profondeur des puits était en moyenne de quinze mètres, mais depuis deux ans, elle est, par suite de creusements successifs, descendue à vingt mètres.

L'eau que fournissent ces puits n'est pas généralement potable; elle ne contient pas de sulfate calcaire, elle donne à l'analyse hydrotimétrique un décigramme de carbonate de chaux par litre; les réactifs indiquent dans certains puits la présence de la matière organique.

Beaucoup d'individus habitant la partie basse de Liancourt, vers la vallée d'Ingond, étaient affectés de goîtres; cette maladie tend heureusement à disparaître: néanmoins on compte encore cinq goîtreux.

Gruny.

De Liancourt à Roye on rencontre à gauche le village de Gruny. Cette commune, située à 92 mètres au-dessus du niveau moyen de la mer, renferme 466 habitants et 110 maisons; la superficie de son terroir est de 700 hectares.

Dans la plaine que forment Gruny et les communes voisines, on ne rencontre que des puits servant aux besoins des habitants.

A Gruny les puits ont vingt à vingt-cinq mètres de profondeur dans la craie; l'eau qu'ils donnent est peu potable, elle est calcaire et légèrement séléniteuse.

Crémery.

Crémery est un village de 107 habitants, dont le territoire a 258 hectares de superficie en terres labourables.

Les puits sont creusés dans la craie à la profondeur de vingt-cinq mètres; l'eau sert mal les besoins domestiques des habitants, car elle est calcaire, peu potable, renfermant du sulfate de chaux et de la matière organique.

Hattencourt.

Hattencourt est un grand village des vastes plaines du Santerre; sa population est de 460 habitants, ses maisons sont au nombre de 135, la superficie de son territoire est de 360 hectares, sa distance de Roye est de neuf kilomètres.

La commune d'Hattencourt ne possède que des puits creusés dans la craie à la profondeur moyenne de quinze à vingt mètres.

L'eau des puits n'est pas séléniteuse; elle est limpide, douce, contenant peu de sels calcaires, mais décomposant le savon.

Fresnoy-lez-Roye.

Fresnoy est à cinq kilomètres de Roye; des bois couvrent le village bâti en plaine à 94 mètres d'altitude.

La commune possède 157 maisons, assez bien bâties, renfermant une population de 525 habitants et ayant un territoire de 765 hectares de superficie.

Les puits sont à vingt mètres de profondeur dans la craie, ils fournissent de l'eau limpide fortement chargée de chlorures magnésiens

5

et de carbonate calcaire, elle est séléniteuse, sa qualité n'est pas bonne. On compte sept goîtreux.

Goyencourt.

Goyencourt est sur un plateau dominant la ville de Roye et dont l'altitude est de 90 mètres.

La population du village est de 221 habitants, la superficie du territoire est de 538 hectares; une portion du terroir se trouve sur la partie déclive du plateau vers la vallée où coule la rivière Saint-Firmin.

On ne rencontre que des puits à Goyencourt, dont la profondeur varie de douze à quinze mètres; l'eau de ces puits est limpide mais calcaire, elle ne renferme cependant pas de sulfate de chaux; quelquefois pourtant de la matière organique se trouve en dissolution.

Damery.

Damery se trouve près de la route d'Amiens, à six kilomètres de Roye. Le territoire de Damery, qui se compose de 484 hectares, est un pays de plaines. On rencontre des bancs de sable gris, rougeâtre, dans lequel se trouvent de petites agrégations de sable ferrugineux et des grès; on exploite ces sables pour le pavage des routes.

La population du village est de 416 habitants, les maisons sont au nombre de 122.

Damery n'a que de mauvaise eau lourde, fade, non séléniteuse pourtant, mais peu potable; les puits ont vingt à vingt-cinq mètres de profondeur dans la craie. La plaine de Damery est à 95 mètres d'altitude.

On rencontre dans le village beaucoup de carie dentaire; on compte deux goîtreux.

Villers-les-Roye.

Nous arrivons à la dernière commune du canton; après avoir commencé notre itinéraire par la vallée de l'Avre, nous venons y aboutir par Villers.

Villers est un village de 266 habitants, la superficie de son territoire est de 632 hectares, son altitude est de 87 mètres.

La commune de Villers offre un large plateau qui s'arrête à pic à la vallée de l'Avre ; c'est sur les flancs de ce côteau que l'on exploite de vastes carrières de calcaire dont on fait la chaux. Ce banc de calcaire offre des profondeurs très-grandes ; on arrête l'exploitation à la couche d'eau : la craie n'est pas blanche partout, on voit de la craie jaunâtre plus ou moins friable, puis des bancs de silex noirs, roulés et recouverts d'une couche crayeuse.

C'est dans cette craie que l'on rencontre des pyrites de fer globuleuses, formées de cristaux de fer octaédriques, des pyrites de fer sulfuré noduleuses, puis du fer oxydé pulvérulent.

Les fossiles que l'on trouve le plus communément sont : Belemnites mucronatus, et Ananchites gibba.

Les puits de Villers sont dans la craie à la profondeur de vingt à vingt-cinq mètres ; l'eau qui en provient est crue, louche, contenant beaucoup de chaux ; des traces de sulfate calcaire se rencontrent à peine.

Quand on veut avoir de bonne eau, on descend la côte vers Léchelle et on rencontre, à droite, une fontaine qui donne de l'eau excellente.

Si nous résumons notre travail sur les eaux du canton de Roye, nous verrons que la composition des eaux est généralement la même ; la présence ou l'absence du sulfate de chaux en constitue seule la différence.

Il est difficile de déterminer une zône dont l'eau ne soit pas séléniteuse. Cependant les puits creusés sur les plans inclinés, vers les vallées où coulent des sources et des rivières, donnent généralement une eau potable ne contenant pas de sulfate calcaire.

En réunissant un groupe de quelques communes voisines, placées dans les mêmes conditions d'altitude, on peut remarquer une composition identique dans les eaux : il semble que la même couche aquifère alimente les puits ; ainsi, vers Rethonvillers, Sept-Fours, Thilloy, Marché, l'eau des puits n'est pas séléniteuse.

L'observation contraire peut se faire pour les communes au sud de Roye et dont les puits ont la même profondeur ; la composition de l'eau offre des traces sensibles de la présence du sulfate calcaire : ainsi Dancourt, Popincourt, Tilloloy, Beuvraignes ont des puits profonds de vingt-cinq mètres qui fournissent de l'eau de mauvaise qualité.

L'altitude des plateaux où sont situés ces villages varie peu, malgré leur situation opposée, l'un étant au nord et l'autre au sud de Roye.

La profondeur moyenne des puits est dans le canton de 25 mètres, les villages situés dans les vallées ont des puits dont la profondeur est moindre, mais n'est pas inférieure à cinq mètres. Toutes les communes ont des puits, peu sont favorisées par les eaux de fontaine ; ces fontaines étant généralement placées à quelque distance du village, leur abord étant plus ou moins difficile, aucun travail d'art n'étant fait pour le captage des sources, il s'ensuit que l'eau de ces fontaines, qui est de bonne qualité, est peu employée par les populations.

Comme nous l'avons fait remarquer, les eaux des puits ne sont pas toujours sans action sur la santé des individus ; nous avons vu

différentes maladies être la conséquence de l'emploi des eaux
froides et calcaires des puits : ainsi la carie dentaire, certaines affections organiques, les maladies de la glande thyroïde, sont éminemment déterminées par les eaux de puits.

Nous avons étudié aussi les eaux de mares, leur emploi, leurs
dangers pour la santé : et pourtant chaque village en est pourvu.
Nous avons dit qu'il était important d'abreuver les bestiaux avec
l'eau pure, ne serait-ce qu'avec l'eau de puits, pourvu que l'on ait
eu le soin d'exposer l'eau à l'influence de l'atmosphère quelques
heures avant de la donner en boisson aux bestiaux, l'eau froide des
puits pouvant sans cette précaution déterminer de nombreux accidents [1].

Une amélioration qu'il serait bon aussi de voir apporter, c'est l'a-
ménagement des eaux. Tout d'abord, il serait urgent d'indiquer les
eaux de sources comme les plus potables, et de faire au griffon de
ces sources, les travaux nécessaires pour faciliter l'accès de la fontaine et le puisement de l'eau.

Nous n'insisterons pas sur la nécessité d'avoir de l'eau à la disposition des habitants, sans nous occuper spécialement du mode d'ap-
provisionnement et de distribution des eaux sur la voie publique
ou dans les habitations; nous dirons seulement que la ville de Roye
pourrait être dotée, à peu de frais, de pompes aux puits publics et
aux fontaines.

---

[1] Pour remplacer l'eau des puits et des mares par l'eau pluviale, M. Gri-
maud de Caux propose la construction de citernes, et démontre que la plus
petite ferme peut recueillir, à peu de frais, tout l'eau nécessaire à l'alimentation du fermier et de ses animaux.

Ainsi, une habitation de cultivateur, exploitant deux ou trois hectares de
terres, ne peut avoir moins de 90 mètres de superficie, y compris les dépen-
dances ; ses toits donneront 68 mètres cubes d'eau par an.

Une citerne, qui aurait pour vide une pyramide représentée par seize mètres
carrés de base et quatre de hauteur, suffirait pour conserver cette provision
d'eau, qui n'arrive et ne part jamais tout à la fois.

ANALYSE

D'UNE EAU MINÉRALE DE LA VILLE DE ROYE

Par MM. DE LASSONE ET CADET.

1770.

Messieurs les Officiers municipaux de la ville de Roye informés qu'une nouvelle source d'eau minérale, découverte aux environs de cette ville, avait des propriétés médicales dont l'efficacité avait été bien reconnue par les gens de l'art, désirèrent que l'analyse en fût faite en grand et avec tout le soin qu'elle exige, afin que la nature et les vertus de cette eau minérale fussent mieux constatées.

A la sollicitation de Messieurs les officiers municipaux, M. Duplix, intendant d'Amiens, toujours guidé par son zèle pour le bien public, a bien voulu confier ce travail intéressant à M. de Lassone et à moi.

La ville de Roye, auprès de laquelle se trouve la source d'eau minérale, est située à l'extrémité du petit canton de la Picardie appelé Santerre, dans un terroir fertile et renommé pour la salubrité de l'air et des eaux. Elle est très-ancienne : plusieurs monuments l'attestent. Il y a quelques années qu'en fouillant une montagne on y trouva différentes médailles et antiquités très-curieuses, conservées par Dom Grenier, savant religieux bénédictin, qui s'occupe de l'histoire de Picardie.

L'eau minérale dont nous allons rendre compte est à Saint-Mard, à un quart de lieue de la ville de Roye. On doit la découverte de la source à M. Garde, chirurgien de cette ville.

L'un de nous s'est transporté sur les lieux et a été conduit à la source, auprès de laquelle est un bassin que la ville de Roye y a fait construire. Ce bassin forme un carré de 2 pieds 11 pouces ; l'intérieur en est revêtu de pierres de grès.

On y tient ordinairement l'eau minérale à 11 pouces de hauteur à l'aide d'un venteau pour empêcher que les eaux inférieures grossies par les pluies n'y refluent.

Les sources d'eau minérale renfermées dans ce bassin sortent d'une montagne au nord. Elles fournissent en une minute 14 pintes, mesure de Paris : ce qui fait environ 420 pintes en une demi-heure.

Cette eau puisée à son bassin est claire et limpide ; elle a une saveur ferrugineuse très-sensible.

Nous avons fait vider entièrement le bassin afin de nous mettre en état de juger si l'eau qui en viendrait ensuite ne différerait pas de celle que nous venions de goûter. Nous vîmes jaillir du fond et des côtés de l'intérieur du bassin plusieurs filets d'eau. Nous les examinâmes avec la noix de galle séparément : ils nous parurent être de même qualité et partir de la même source, à l'exception cependant d'un filet d'eau douce qui ne teignait point avec la noix de galle. Comme il était essentiel de détourner ce filet d'eau douce, qui ne pouvait qu'affaiblir les principes de l'eau minérale, nous fîmes faire en notre présence les travaux nécessaires à cet effet, et nous parvînmes à détourner ce filet d'eau.

L'eau minérale nous sembla avoir une très légère odeur d'hépar, qu'on y distinguait également par le goût, et que n'avait pas celle que nous avions goûté d'abord. Cette odeur faible d'hépar nous parut beaucoup plus sensible un jour qu'il avait plu.

Nous sommes descendus à la source, munis d'un thermomètre fait suivant les principes de M. de Réaumur, et qui était à 21 degrés au-dessus de la congélation. Au bout d'un quart d'heure, ce thermomètre avait baissé de dix degrés. Nous avons répété pendant plusieurs jours cette expérience avec le même thermomètre, et nous avons eu constamment 10 degrés de moins.

Pour juger de la pesanteur spécifique de l'eau minérale, nous l'avons comparée avec de l'eau distillée et avec l'eau de la Seine, au moyen d'un aréomètre de M. Brisson, fait suivant la méthode de Fareneith ; la température de ces eaux étant de 18 degrés au dessus de la congélation du thermomètre de M. de Réaumur.

Nous avons trouvé la pesanteur spécifique du pied cube de chacune de ces eaux dans l'ordre qui suit :

	liv.	onc.	gros	grains
En supposant que le pied cube de l'eau distillée pèse	70	....	....	....
Le pied cube de l'eau de la Seine filtré . .	70	....	2	17 ....
Le pied cube de l'eau minérale de la ville de Roye pèse	70	....	3	25 5/8

Nous avons fait creuser profondément en différents endroits vers
les côtés de la source ; nous n'avons trouvé ni pyrites, ni terres
glaiseuses. On a retiré de ces fouilles une terre blanche calcaire,
qui paraît faire un des principes de cette eau minérale. On a aussi
trouvé parmi ces pierres un ossement d'animal qui était noir comme
du jayet. Nous l'avons fait scier : l'intérieur était d'un aussi beau
noir que la superficie. Cette couleur noire est sûrement due au fer
de l'eau minérale dont cet os a été pénétré et dont le phlogistique
s'est combiné avec le fer.

Pour nous mettre d'abord en état de juger sur les principes constituants de cette eau minérale, nous l'avons soumise à des expériences préliminaires usitées parmi les chimistes en pareils cas : telles
que la dissolution d'argent, l'huile de tartre par défaillance, l'alcali
volatil, la liqueur animalisée, etc.

La noix de galle l'a teint promptement en une couleur violette
foncée qui prouve la présence du fer.

L'esprit de vin dans l'instant du mélange n'y opère aucun changement.

L'alcali fixe l'a troublée aussitôt et l'a rendue laiteuse ; ce qui
nous a indiqué d'abord la présence de sels à base terreuse.

La dissolution d'argent lui donne un œil opale qui passe peu de
temps après à une couleur violette assez foncée.

Cette première couleur nous a fait juger que cette eau minérale
pouvait tenir de l'acide marin, et la seconde couleur nous a indiqué
la présence du fer.

Le sirop de violettes y a pris une couleur verte assez foncée, qui
nous a fait penser que cette eau pouvait contenir non-seulement du
fer, mais encore quelques autres substances alcalines.

La liqueur animalisée a occasionné seulement une légère teinte verte ; ce qui nous a porté à croire que le fer de cette eau n'y était point vitriolisé comme dans plusieurs eaux minérales, en particulier, celles de M. de Calsabigi à Passy, dont l'un de nous a obtenu un véritable bleu de Prusse.

Cette eau n'altère point le papier bleu ; au contraire, il semble qu'elle en avive la couleur.

Le savon s'y dissout parfaitement, ce qui nous annonçait que cette eau ne contenait point de sels vitrioliques et séléniteux ; ou du moins qu'elle n'en contenait qu'en bien petite quantité.

Plusieurs habitants de la ville de Roye, auxquels on avait conseillé l'usage de cette eau minérale, n'osèrent se déterminer à en boire, parce qu'on leur avait assuré qu'elle était cuivreuse. Cette observation, qui ne partait certainement que du zèle de celui qui l'avait cru, nous mit dans le cas d'examiner plus particulièrement cette eau, pour voir si effectivement elle ne contenait pas du cuivre. On laissa tremper pendant fort longtemps une lame d'acier polie sans qu'elle y ait souffert la moindre altération.

L'alcali volatil, qui est comme la pierre de touche du cuivre, n'y donnait aucune couleur bleue qui pût l'y faire craindre. Mais, comme l'on sait aujourd'hui que cette expérience n'est pas toujours démonstrative, nous avons eu recours à différents autres moyens.

Il était possible que le cuivre soupçonné dans ces eaux y fût dans une neutralité parfaite, ou que quelques principes alcalins s'opposassent à sa précipitation sur la lame de fer ; en conséquence, nous y avons versé quelques gouttes d'acide nitreux, afin de faciliter la précipitation du cuivre : elle a été seulement dépolie à sa surface, sans que nous y ayons aperçu aucun indice de couleur cuivreuse.

Cette même eau minérale, animée de quelques gouttes d'acide nitreux, mêlées avec trois parties d'esprit de vin, ne nous a donné à l'inflammation aucune nuance de couleur verte.

Toutes ces différentes expériences nous font prononcer affirmativement que cette eau minérale ne contient point de cuivre.

Comme ces expériences momentanées n'avaient fait jusqu'alors que nous donner des indices sur les principes constituants de cette eau minérale, et qu'il était essentiel d'y procéder analytiquement, nous avons évaporé sur les lieux cent pintes de cette eau minérale : dès l'instant qu'elle a senti la chaleur, elle s'est colorée d'un jaune citron ; quelque temps après, il s'en est dégagé nombre de bulles d'air. Nous avons exposé une feuille de papier frottée de blanc de céruse à la première vapeur de l'évaporation, afin d'examiner si ce papier n'éprouverait pas quelqu'altération sensible ; ce que nous n'avons tenté qu'à raison de l'odeur d'hépar que nous y avons reconnue et qui paraît tenir à un principe sulfureux, subtil et si fugace, qu'il le perd à l'air libre et sans le secours de la chaleur : le papier n'y a point changé de couleur. Une pièce d'argent tenue pendant quelque temps dans cette eau minérale n'y a ni jauni ni noirci, ce qui fait encore voir que le principe sulfureux est pour bien peu de chose dans cette eau minérale.

Au commencement de l'évaporation, nous avons vu se former plusieurs flocons jaunes qui ont augmenté peu à peu, et qui ensuite se sont précipités dans l'évaporatoire. Nous avons séparé ce précipité en continuant l'évaporation, qui se faisait très-lentement et sans bouillir. Nous avons remarqué à la surface une pellicule si fine, qu'il nous a été impossible d'en rien recueillir. Nous la crûmes d'abord une sélénite.

Lorsque nos cent pintes ont été réduites à une, on a filtré le tout.

La liqueur que nous avons séparée par le filtre avait une couleur jaune de petite bière. Nous l'avons mise à évaporer dans une capsule de verre sur un bain de cendres : lorsqu'elle a été réduite à près de deux onces, la vapeur qui s'en élevait avait une odeur semblable à celle que donne l'eau mère du sel marin ; elle en avait aussi le goût.

Quelques gouttes de cette liqueur concentrée, mises sur un verre d'eau distillée, auquel nous avions ajouté une dissolution d'argent de coupelle par l'acide du nitre, en ont précipité sur-le-champ l'argent en un coagulum qui fait la lune cornée : ce qui a achevé de nous convaincre de la présence de l'acide marin, que nous soupçonnions déjà dans cette eau minérale.

Nous avons exposé au frais cette liqueur concentrée : elle a donné nombre de cristaux par petits feuillets. Ce sel ayant été parfaitement desséché avec le reste de la liqueur qui l'avait fourni, nous avons trouvé en totalité 72 grains d'un sel roux, très-âcre, très-salé et très-avide de l'humidité. Nous avons dissous ce sel dans de l'eau distillée, il nous est resté sur le filtre six grains d'une poudre que nous prîmes d'abord pour de la sélénite, mais qui, bien examinée, n'était qu'une terre alcaline. L'acide du vinaigre l'a dissoute entièrement avec une vive effervescence.

Nous croyions que dans l'évaporation cette terre alcaline y était combinée avec l'acide marin, mais dans la dessication que nous avons faite de ce sel, une portion de l'acide marin s'étant échappée, a fait paraître cette petite portion de terre alcaline, qui, jointe à cet acide, avait formé le sel par feuillets dont nous venons de faire mention. La preuve en est qu'en évaporant de nouveau une dissolution de ce sel dans des verres de montre à la simple chaleur du soleil, nous n'en retirâmes pas le moindre vestige : nous n'obtinmes que du sel marin à base alcaline, bien figuré par cristaux cubiques.

Il nous est resté 8 à 10 gouttes d'eau-mère, qui, mises sur un charbon ardent, y ont boursouflé considérablement, en répandant une odeur exactement pareille à celle du tartre brûlé et dont le charbon était alcalin.

Il ne nous restait plus qu'à examiner la terre martiale provenue de l'évaporation de nos cent pintes d'eau minérale. Comme cette terre martiale pouvait aussi contenir d'autres principes dont il fallait se rendre compte, nous versâmes peu à peu une chopine de vinaigre distillé sur cette terre martiale ; ce que nous ne fîmes que parce que nous pensions que cette terre était jointe à une substance alcaline, que nous avions déjà cru y reconnaître : nos idées furent bientôt confirmées par la vive effervescence qui se fit dans ce mélange. Nous filtrâmes aussitôt que le premier mouvement d'effervescence fut passé, afin de ne pas donner le temps à l'acide du vinaigre d'agir sur la terre martiale.

Malgré toute la diligence que nous y apportâmes, cet acide ne laissa pas d'en dissoudre une petite partie : ce que nous reconnûmes par l'expérience de la noix de galle qui colora en violet la dissolution. Si au lieu de l'acide du vinaigre nous eussions employé de l'acide vitriolique ou de l'acide nitreux, ainsi que l'ont pratiqué différents chimistes en pareilles occasions, cette petite portion de terre martiale nous aurait échappé infailliblement, ainsi que nous le ferons voir dans la suite de ce mémoire.

Cette première extraction par le vinaigre avait un petit œil verdâtre dont la cause était due à cette même petite quantité de terre martiale. Elle avait un goût amer tel que le donne le vinaigre distillé et saturé d'une terre calcaire. Nous versâmes dans cette dis-

solution de l'huile de tartre par défaillance : il se fit aussitôt un
précipité blanc très-abondant. Pour nous rendre compte de la nature de ce précipité, nous le lavâmes exactement, afin de le dépouiller de la plus grande partie de l'alcali fixe qu'il retient dans sa
précipitation ; nous disons de la plus grande partie, parce que
M. de Lassone a démontré que la plupart de ces précipités, malgré
les lotions qu'on leur fait subir, ne peuvent être dépouillés entièrement d'une portion d'alcali qui semble faire un des principes de ces
précipités, et dont on ne les prive que par des procédés particuliers
(*Mémoires de l'Académie*, 1768).

Nous avons versé sur le précipité une suffisante quantité d'esprit
de vitriol qui a occasionné une vive effervescence et une chaleur
assez considérable. L'effervescence entièrement cessée, nous avons
trouvé au fond du matras à peu près la même quantité de substance que nous avions employée. Elle y est devenue d'une grande
blancheur. Nous l'avons reconnue pour être une vraie sélénite qui
exige beaucoup d'eau pour sa dissolution. La liqueur décantée de
dessus cette même sélénite et mise à évaporer, a donné un sel séléniteux semblable au premier produit, tout par petits cristaux
soyeux et insipides au goût ; auxquels ont succédé d'autres beaucoup plus gros, que nous avons jugé être un sel d'Epsum à base
terreuse. Ce qui nous a indiqué dans ce dépôt ocreux deux espèces
de terre : l'une purement calcaire, et l'autre une vraie terre alcaline du sel marin.

Nous avons versé de l'acide vitriolique très affaibli sur une autre
partie du dépôt ocreux : il y eut un mouvement d'effervescence très
considérable, quoique la plus grande partie de cette terre martiale
fût dissoute dans cette expérience, nous n'avons pas eu avec la noix
de galle la plus petite teinte de couleur rouge qui pût nous indiquer dans cette dissolution la présence du fer, quoi que nous l'eussions eue très sensiblement, comme nous l'avons observé par l'expérience du vinaigre : ce qu'on doit attribuer au principe phlogistique de l'acide végétal qui s'est reporté sur la terre martiale, et qui
a donné lieu à la présence du fer par la noix de galle. Cette expérience doit nous rendre plus circonspects sur l'épreuve de la noix
de galle, lorsqu'il est question de constater la présence du fer dans
les liqueurs où l'on pourrait le soupçonner.

La terre martiale qui est restée de nos opérations, a été soumise dans un creuset à un feu assez violent, sans avoir pu y prendre de couleur rouge, ce qui prouve bien que le fer de ces eaux n'y est point, comme nous l'avions pensé, dans l'état de vitriolisation. D'ailleurs nos expériences constatent que cette eau minérale est entièrement exempte d'acide vitriolique et de sels qui en contiennent.

Une autre partie de cette terre martiale calcinée légèrement dans un creuset, n'a pu être attirée par l'aimant; mais cette propriété lui a été bientôt donnée en lui fournissant du phlogistique.

Nous avons évalué, M. de Lassone et moi, que chaque pinte d'eau minérale pouvait contenir un grain et demi de fer, deux grains de terre calcaire, un quart de grain de terre alcaline du sel marin, un demi-grain de sel marin à base alcaline, autant de sel marin à base terreuse, et un peu de matière grasse qui nous a paru être de nature végétale, à laquelle on doit certainement la présence du fer dans cette eau minérale, par l'expérience de la noix de galle; et sans cette matière grasse, nous croyons que l'épreuve n'aurait pas eu lieu, ainsi que nos expériences nous l'ont démontré.

M. Boulanger, médecin de la ville de Roye, connu pour un habile praticien, a eu occasion de placer cette eau minérale avec beaucoup de succès dans différentes maladies. Nous n'entrerons pas dans le détail des avantages que la médecine peut en tirer, notre but étant uniquement d'en faire connaître exactement les principes. Il est certain qu'elle doit avoir dans bien des cas un très grand avantage sur la plupart des eaux minérales ferrugineuses, en ce qu'elle est exempte d'acide vitriolique et principalement de sélénite, sel qui fait ordinairement la base de la plupart des eaux de puits, ce qui les rend dures et pesantes à l'estomac.

Les principes alcalins de cette eau minérale la mettent dans le cas d'être coupée avec le lait sans risquer qu'il se caille. Nous croyons même que les principes alcalins de cette eau minérale y sont assez sensibles pour s'opposer à la coagulation d'un lait qui tendrait à s'aigrir.

Nous avons aussi observé que ces eaux pouvaient se transporter à plusieurs lieues, sans qu'elles précipitassent leur fer. Il nous en est arrivé depuis un mois dans des bouteilles de verre de pinte, dont les bouchons avaient été goudronnés, sans qu'elles aient déposé. Elles teignaient également avec la noix de galle. Malgré cela, nous pensons qu'il est plus sûr d'aller prendre ces eaux à la source même. La route de Paris à Roye est très-belle.

La fontaine se trouve heureusement située en bon air, et dans un lieu très-agréable.

Au dessus de cette fontaine, dans un prieuré des environs, l'on rencontre plusieurs sources d'eaux minérales, à peu près semblables à celles que nous avons examinées. La plupart de ces eaux coulent dans des fossés qui entourent différentes prairies. Elles ont un goût d'hépar beaucoup plus sensible que notre eau minérale ; ce que nous pensons être dû à leur stagnation.

On remarque à la superficie de ces eaux une pellicule avec iris. Les plantes qui croissent dans ces fossés sont toutes chargées d'une terre ocreuse, occasionnée par le dépôt de ces eaux ferrugineuses.

Nous nous sommes informés si près de Roye, on connaissait quelques autres sources d'eaux minérales. On nous assura qu'à Baurin, qui est environ à quatre lieues de la ville, il y en avait une très-ferrugineuse. Le Seigneur du lieu nous a conduits lui-même à la source. L'eau qui en coulait nous a paru très vitriolique. Nous croyons que cette eau minérale diffère très-peu de la première source des nouvelles eaux de Passy, qui sont également très vitrioliques.

Cette eau peut mériter attention et une analyse particulière. Elle doit sans doute ses principes à une terre noire singulière qui abonde dans le pays, et par laquelle ces eaux se filtrent.

M. Lesage nous a donné une analyse de cette terre, qui s'échauffe considérablement lorsqu'on l'expose à l'humidité ; cette chaleur va même jusqu'au point de produire une flamme sensible pendant la nuit. La chaleur et l'inflammation cessées, il en résulte une cendre qui est très-vitriolique, et qui donne par quintal près de vingt liv. de vitriol.

La terre de Sevrac en Rouergue, qui appartient à Madame la Maréchale de Biron, est encore beaucoup plus riche en vitriol. L'un de nous a retiré de 2 liv. $^1/_2$ de cette terre jusqu'à 14 onces de vitriol. Nous présumons que l'on pourrait trouver le même avantage dans la terre de Baurin.

Nous avons demandé aux ouvriers qui sont occupés journellement à remuer ces cendres vitrioliques sous des hangards, si à la longue ils n'étaient pas incommodés de la poussière considérable qui s'en élevait, dont ils étaient tout couverts, et dont nous avions bien de la peine à supporter le goût et l'odeur : ils nous ont répondu n'avoir pas connaissance qu'aucuns en eussent été malades.

Ces cendres vitrioliques sont encore un objet de consommation dans le pays : on les emploie à la fertilisation des terres. Ceux qui s'en servent ont grand soin de ne les répandre que dans des temps pluvieux et en prenant la précaution de les mêler dans de certains terrains avec une terre blanche de nature calcaire. Sans ces précautions, sans l'humidité et sans le principe terrestre alcalin, qui donnent lieu à la décomposition des sels vitrioliques et alumineux dont ces cendres abondent, nous sommes convaincus qu'elles nuiraient à la fertilisation.

SOCIÉTÉ D'HYDROLOGIE MÉDICALE DE PARIS.

SÉANCE DU 15 AVRIL 1861. — PRÉSIDENCE DE M. PIDOUX.

Rapport sur un travail intitulé : *Essai sur l'Hydrologie médicale du canton de Roye*, par M. E. Coët, pharmacien, au nom d'une Commission composée de MM. Delmortain, Fermond et Decaye, rapporteur.

MESSIEURS,

Vous avez chargé une Commission composée de MM. Demortain, Fermond et moi, de vous rendre compte d'un travail que M. Coët, pharmacien à Roye, l'un de nos correspondants, a adressé à la Société sous ce titre : *Essai sur l'Hydrologie médicale du canton de Roye*.

Je viens vous en présenter une analyse sommaire, telle que le comporte cette étude qui, l'auteur le déclare en commençant, n'offre pas par elle-même une grande variété. Pour ajouter à son intérêt, notre collègue fait d'abord connaître avec détails la position géographique du canton, les différentes formations géologiques auxquelles il appartient et les productions naturelles de son sol. Passant ensuite à de rapides généralités sur les eaux, il en fait l'application à celles du pays ; passant en revue les eaux de sources, de puits, de rivières, il indique pour chaque commune la composition de l'eau servant aux habitants.

Enfin, il examine l'influence des effluves marématiques sur la santé des populations des vallées, et signale les maladies causées par les eaux insalubres des puits.

Telle est la marche que M. Coët a suivie dans son travail ; nous vous demandons la permission de passer rapidement sur les premiers paragraphes et de n'insister que sur les chapitres directement relatifs à l'Hydrologie.

Position géographique. — Le canton de Roye est situé à l'extrémité sud-est du département de la Somme ; limitrophe du département de l'Oise, il est formé de l'ancien pays du Bas-Santerre, dont Roye était le chef-lieu. Ce canton se compose de 37 communes ; c'est un

6

des plus importants du département; l'aspect général offre un pays de plaines.

Composition du sol. — Il présente des terrains appartenant à d verses formations; toutefois le terrain dominant est le terrain secondaire supérieur.

La couche inférieure est la craie recouverte de sable, d'argile et la surface du sol est formée de limon argilo-sableux mélangé d'humus.

Productions naturelles. — Les productions naturelles sont peu variées et n'offrent pas, suivant nous, un grand intérêt; l'auteur signale dans le règne minéral, les grès, les cailloux, la craie, la marne, le sable. La flore est celle des environs de Paris. Ce sont les eaux stagnantes, les étangs, les fossés qui offrent la plus riche végétation.

Eaux. — Dans les considérations générales qui ouvrent la partie vraiment hydrologique de son travail, M. Coët n'émet aucune idée nouvelle.

Passant à l'examen des eaux du canton, il constate que l'eau de pluie recueillie dans des réservoirs ou des citernes ne sert de boisson aux hommes dans aucune localité; le plus souvent ces eaux ne servent qu'au lessivage du linge.

Pour lui, l'eau de pluie est préférable aux eaux de puits, voire même à certaines eaux de sources trop chargées de matières calcaires; mais les eaux de sources, prises loin de leur point d'émergence et alors peu calcaires, lui semblent les meilleures eaux potables.

Les étangs sont peu nombreux; ce n'est guère que dans les vallées qu'on en rencontre quelques-uns, dont les eaux sont utilisées parfois au rouissage du chanvre.

Les marais, au contraire, s'étendent sur un parcours de plusieurs kilomètres, dans la vallée de l'Avre notamment.

Entre Roye et Saint-Georges, une superficie de 13 hectares est couverte d'eau et coupée par des canaux. Une plus grande étendue encore se trouve en aval. Ces marais pourraient être desséchés avantageusement et les terrains convertis en cultures maraîchères.

Les mares sont très communes, et M Coët signale avec raison les inconvénients graves qui résultent de la présence dans la cour de chaque ferme de ces réservoirs dans lesquels viennent se rendre les eaux pluviales, les eaux ménagères, les eaux chargées de purin, provenant des étables ou du lavage des fumiers.

Cette eau de mare répand, en effet, en été surtout, une odeur plus ou moins fétide et repoussante, provenant de la décomposition des matières végétales ou animales tenues en suspension.

Nous ajouterons pour avoir été à même de le constater bien souvent, que ces matières organiques, en réagissant sur les sulfates alcalins et terreux, produisent des sulfures et de l'acide sulfhydrique. Ces caractères suffisent pour montrer que, dans aucun cas, cette eau ne devrait servir à la boisson des hommes ; et cependant, M. Coët nous signale la détestable habitude qu'ont les habitants de certaines localités d'employer l'eau de ces mares pour faire du cidre, prétendant qu'elle est préférable pour cet usage aux eaux de sources ou de puits. Il n'est pas besoin d'insister sur les inconvénients d'une telle pratique ; en effet, le sucre contenu dans les pommes se trouvant en présence de matières en voie de putréfaction, il peut y avoir production d'acide butyrique, pour peu surtout que la température favorise la réaction, et on a alors une boisson d'un goût détestable, dont l'usage quotidien peut occasionner de sérieux accidents.

En dehors, toutefois, de cet usage presqu'exceptionnel, les eaux de mares ne servent guère qu'à désaltérer les bestiaux, et cette eau, toute repoussante qu'elle soit à notre palais, est pourtant savourée avec plaisir par les animaux, dont l'alimentation est le plus souvent trop fade. Ils trouvent, paraît-il, dans la sapidité de l'eau de mare, une sorte de stimulant pour les fonctions digestives.

Cette boisson du reste, leur est souvent funeste, et on a observé à diverses époques, des épizooties de fièvre charbonneuse, de sang de rate, qui étaient certainement déterminées par la mauvaise qualité de ces eaux.

En résumé, dit l'auteur, ce serait un grand progrès pour l'hygiène, si les habitants des campagnes éloignaient de leurs demeures ces foyers d'infection ; car on a vu dans certaines épidémies de fièvre typhoïde, le fléau frapper de préférence les habitations voisines des mares. Nous ne saurions trop vivement nous associer à ce vœu exprimé par notre honorable collègue.

Plusieurs rivières arrosent le canton de Roye ; mais l'eau de ces rivières, quoique de bonne qualité et pouvant servir au lessivage du linge, n'est pas utilisée en boisson par les habitants ; les communes voisines y mènent seulement désaltérer les bestiaux.

Les eaux des sources qui jaillissent à fleur de terre et servent aux besoins des habitants, sont généralement limpides, légères ; prises un peu plus loin que leur point d'émergence, elles ont une température de 11° centigrades : elles renferment toutes de l'acide carbonique, des carbonates calcaires et magnésiens, des chlorures, de la silice, mais point de sulfate de chaux.

Dans la plupart, les sels sont en faible proportion et elles sont éminemment potables, toutes ces sources ayant leur griffon dans la craie.

Puits. — C'est presqu'exclusivement de l'eau de puits que les habitants du canton de Roye font usage.

Cette eau n'est pas, en général, potable dans l'acception du mot. Elle est souvent louche, crue et calcaire, impropre aux usages domestiques. Elle contient beaucoup de carbonate calcaire, peu de chlorures, mais souvent du sulfate de chaux et de la matière organique, lesquels, en réagissant l'un sur l'autre, donnent lieu à des sulfures et à du gaz sulfhydrique qui communiquent à l'eau une odeur désagréable que les habitants des campagnes attribuent à la malveillance.

C'est toujours la présence des sels calcaires dans les eaux de puits qui s'oppose à la cuisson des légumes secs et qui empêche la dissolution du savon dans le blanchissage du linge, et cependant les habitants sont souvent réduits à ne pouvoir se servir d'autre chose.

M. Coët, faisant l'application du procédé de MM. Boutron et Boudet pour rechercher la quantité de savon neutralisée et perdue, a trouvé que le degré hydrotimétrique était en moyenne de 25°, d'où il suit qu'un litre d'eau neutralise 2^{gr},50 de savon ou 250 grammes par hectolitre. En prenant la moyenne de la consommation annuelle de cinq francs par habitant pour le savon, on peut évaluer la perte pour le savon à 76,835 francs.

En général, il paraît que l'eau des puits, bien que peu potable, n'influe pas d'une manière sensible sur la santé des populations du canton ; on rencontre peu de goîtres, peu de maladies tenant plus spécialement à la mauvaise qualité des eaux. Cependant, la carie dentaire, les dégénérescences squirrheuses sont fréquentes et proviennent peut-être de l'usage des eaux calcaires.

Nous voici arrivés, Messieurs, à une partie du travail de notre collègue qui offrira plus d'intérêt à la Société d'hydrologie ; je veux parler des eaux minérales.

Le canton de Roye possède des eaux minérales dont le principal élément minéralisateur est le fer.

Les principales sources ferrugineuses se trouvent à Saint-Mard, petit village situé à l'ouest de Roye, près de la vallée dans laquelle serpente la rivière d'Avre.

L'une de ces sources, appelée la Fontaine ferrugineuse, se rencontre au bas de la colline située au nord de la vallée : le griffon de cette source est crayeux, parsemé de terre ocreuse ; le lit du ruisseau offre des dépôts abondants de matières rougeâtres. Notre collègue vous a déjà adressé une analyse de cette eau l'année dernière, et un rapport vous en a été fait par M. P. Blondeau.

Une autre source dite Fontaine des Lieutenants a été examinée par M. Coët, dans le but de connaître sa nature précise ; voici les résultats de ses expériences :

La température de l'eau est de 11° ; son degré hydrotimétrique est de 25°.

La teinture récente de noix de galle versée à la source, produit instantanément une coloration noirâtre foncée.

La potasse occasionne dans l'eau récemment puisée un précipité nuageux ; l'oxalate d'ammoniaque démontre la présence de la chaux ; l'azotate d'argent donne avec coloration un précipité en partie soluble dans l'acide azotique.

En présence des réactifs fournis par les sels de fer, cette eau, aussitôt après avoir été puisée, se comporte de la manière suivante : la noix de galle lui donne une couleur rouge lie de vin ; l'acide tannique produit une teinte violacée ; le cyanure jaune de potassium et de fer rend l'eau louche ; le cyanure rouge donne une coloration verte. On peut déjà conclure que le fer se trouve à l'état de protoxyde mélangé de sel de sesquyoxyde.

Mais cette eau soumise aux mêmes essais quelques heures après son puisement, ne donne plus les mêmes réactions ; elle devient louche, lactescente, et laisse précipiter un dépôt plus ou moins abondant de sels calcaires et ferrugineux ; à part la noix de galle et le tannin, les autres réactifs n'y produisent plus de changement. Ainsi cette eau, qui est ferrugineuse à sa source, n'est pas stable dans sa composition et abandonne les sels ferrugineux qu'elle tenait en dissolution.

Un litre d'eau ayant été évaporé, le résidu traité par l'acide sulfurique étendu et la solution étant filtrée, les réactifs ferriques ont donné des réactions intenses sur la présence du fer, quelques faibles indices d'iode, de fluor et de brôme.

M. Coët signale encore quelques sources ferrugineuses moins importantes, qui sont, dit-il, utilisées quelquefois comme telles par les médecins du voisinage. Puis, examinant les eaux de sources, de puits, de rivières, il indique pour chaque commune la composition de l'eau servant aux habitants.

Nous n'avons pas cru devoir reproduire ces détails qui, véritablement, offrent un intérêt médiocre pour la Société.

En résumant cette partie de son travail, nous voyons que la composition des eaux est généralement la même; la seule différence consiste dans la présence ou l'absence de sulfate de chaux.

Toutes les communes ont des puits; l'eau des fontaines qui est de bonne qualité est peu employée, parce que, jusqu'ici, on a négligé de faire aux griffons les travaux nécessaires pour en faciliter l'accès et le puisement de l'eau.

En résumé, Messieurs, le travail de M. Coët, tant à cause de son étendue que pour le sujet tout spécial à une localité, qu'il traite, ne nous paraît pas de nature à être imprimé dans les Annales de la Société, d'autant plus qu'il ne renferme aucun fait nouveau ou important capable d'enrichir la science hydrologique. Mais un travail de cette nature offre un intérêt tout particulier et très-légitime, au point de vue de la statistique locale et nous émettons le vœu qu'une Société savante ou quelque journal de la Somme l'accueille et le reproduise, d'autant plus que l'auteur s'est déjà signalé à l'attention de ses compatriotes par des travaux estimés, dont l'un a été récemment récompensé d'une médaille d'or par la Société de médecine d'Amiens.

Pour nous, l'Essai sur l'hydrologie médicale du canton de Roye, témoignant des efforts consciencieux que l'auteur a faits pour apporter son concours à notre œuvre, et les documents qu'il nous a transmis paraissant avoir été recueillis avec soin et non sans labeur, nous vous proposons, Messieurs, de remercier M. Coët de sa communication et de la déposer dans les archives de la Société.

Ces conclusions ont été adoptées par la Société.

(Extrait des Annales de la Société d'hydrologie médicale de Paris).

TABLE DES MATIÈRES

Arras, typ. Rousseau-Leroy, rue St-Maurice, 26.

www.ingramcontent.com/pod-product-compliance
Lightning Source LLC
Chambersburg PA
CBHW030926220326
41521CB00039B/976